電力システム工学の基礎

博士(工学) 永田 武 著

コロナ社

序　文

　本書は，大学，短大，高等専門学校の学生を対象として執筆したものであるが，電力会社やメーカーなどで電力システムの計画や運用，または制御用計算機システムの立案・設計・開発などに携わっている実社会の技術者の方々にっても有益な内容となるように配慮してある。

　「電力」という言葉から社会の人々が受けるイメージはどのようなものであろうか。おそらく，「非常に古臭いもの」とか「成熟分野なので面白い内容はない」というのが一般的であるように思われる。しかし，「電力」を「電力システム」としてとらえると，ほかの先端的な分野と同じく，非常に新鮮で面白いテーマが数多くある。本書では，従来の電力系統を構成するハード面の説明は別の成書に譲るとして，計算機を用いた電力システムの運用と計画のソフト面を強調した内容になっている。特に，電力系統制御の計算機システムの開発に携わった経験を有する著者の観点からの記述にも努めたつもりである。本書を読まれた方々が一人でも多く現在のコンピュータを主体とした電力システムへの理解を深められ，近年のエネルギー問題，環境問題，規制緩和などに代表される電力を取り巻く環境の変化に対応した新しい電力システムの構築に向けて挑戦されるきっかけになれば幸いである。

　本書は，大学，短大，高等専門学校においては，週一コマの半期で履修できる程度の内容になっているので，従来のハード面を中心とした「送配電工学」などに引き続く講義用として利用できる。また，重要な内容は例題と演習問題でカバーしてあるので，独学でも十分理解できると思われる。さらに，内容の理解を助けるために一部ソフトウェアの記述も行っている。使用言語は，制御分野で普及している MATLAB を使用したが，簡単な言語であるためプログラミングの知識がなくても，その内容は容易に理解できるであろう。

序　文

　1章では，電力システムとその特徴について，電力を取り巻くエネルギー問題，環境問題，規制緩和などの話題を含めて記述した。2章では，電力システムの表現方法について記述した。3章は，電力システム解析の基本となる電力回路網方程式について記述し，解析の基本となるノードアドミタンス行列（Y行列）についてはその作成プログラムも示した。4章は，電力の計画・運用の実務において中心的な役割を果たしている電力潮流計算について記述し，ニュートン・ラフソン法によるプログラムも示した。5章は，電力システムの最適化問題の一つである経済負荷配分について記述した。無制約および制約条件付き非線形最適化問題の解法について説明し，経済負荷配分問題への適用方法を述べた。また，送電損失を考慮することのできる実用的なラムダ反復法を説明し，演習問題の解答としてそのプログラムも示した。6章は，電力系統の安定度について，発電機の同期運転の可否を論じる定態安定度，大外乱を対象とする過渡安定度，および電圧崩壊の有無を論じる電圧安定度について記述した。7章は，電力系統の制御の方法について，有効電力と周波数の制御ループである負荷周波数制御と，無効電力と電圧の制御ループを構成する自動電圧調整器について説明した。最後に，8章では，電力システムの新潮流として，電力システムに応用されている新しいソフトウェア技術の中から，知的情報処理，ニューラルネットワーク，ファジィ理論，メタヒューリスティックスの概要について記述した。また，付録には，わが国における電力の規制緩和の出発点となった平成7年（1995年）に改正された電気事業法の要約を記述した。

　最後に，本書の出版の機会を与えていただいた株式会社コロナ社に厚くお礼申し上げます。

2000年6月

永　田　　武

目　　　次

1.　電力システムとその特徴

1.1　電力システム ………………………………………………………………1
1.2　電力システムの特徴 …………………………………………………………2
1.3　電力システムの現状 …………………………………………………………3
1.4　電力システムにおける諸問題 ………………………………………………9
　演 習 問 題 ……………………………………………………………………11

2.　電力系統の表現方法

2.1　単 線 結 線 図 ……………………………………………………………12
2.2　単 相 回 路 解 析 …………………………………………………………13
2.3　単　　位　　法 ……………………………………………………………15
2.4　単位法の3相への拡張 ……………………………………………………19
　2.4.1　変圧器を含まない場合の3相単位法表現 ……………………………19
　2.4.2　変圧器を含む場合の3相単位法表現 …………………………………22
　演 習 問 題 ……………………………………………………………………25

3.　電力回路網方程式

3.1　電力系統設備の表現 …………………………………………………………27
　3.1.1　送 電 線 の 表 現 ……………………………………………………27
　3.1.2　変 圧 器 の 表 現 ……………………………………………………28
　3.1.3　調相設備の表現 ……………………………………………………32
3.2　ノード方程式 ………………………………………………………………33

3.2.1 簡単な電力システムのノード方程式 ……………………………33
3.2.2 一般的な電力システムのノード方程式 ……………………………36
3.3 Y行列作成プログラム ……………………………………………………38
演 習 問 題 ……………………………………………………………………41

4. 電力潮流計算

4.1 電 力 方 程 式 ……………………………………………………………42
 4.1.1 電力方程式の考え方 ………………………………………………42
 4.1.2 電力方程式の極座標表示 …………………………………………44
4.2 非線形方程式の解法 ………………………………………………………47
4.3 ニュートン・ラフソン法による電力潮流計算 …………………………52
 4.3.1 ニュートン・ラフソン法の電力潮流計算への適用 ……………52
 4.3.2 ニュートン・ラフソン法のアルゴリズム ………………………56
4.4 ファースト・デカップル法による電力潮流計算 ………………………60
4.5 送電線潮流と電力損失 ……………………………………………………63
4.6 電力潮流計算プログラム …………………………………………………65
演 習 問 題 ……………………………………………………………………68

5. 経済負荷配分

5.1 非線形最適化 ………………………………………………………………70
 5.1.1 無制約最適化 ………………………………………………………71
 5.1.2 制約条件付き最適化 ………………………………………………72
5.2 火力機の特性 ………………………………………………………………74
5.3 経済負荷配分（送電損失無視）…………………………………………76
 5.3.1 発電機出力限界無視 ………………………………………………76
 5.3.2 発電機出力限界考慮 ………………………………………………78
5.4 経済負荷配分（送電損失考慮）…………………………………………79
 5.4.1 定 式 化 ……………………………………………………………79
 5.4.2 ラムダ反復法 ………………………………………………………82

演習問題 ……………………………………………………………83

6. 電力系統の安定度

6.1 動揺方程式 ……………………………………………………85
6.2 一機無限大母線系統モデル ……………………………………88
6.3 定態安定度 ………………………………………………………89
　6.3.1 非突極形（円筒形）同期発電機 ……………………………89
　6.3.2 突極形同期発電機 ……………………………………………91
　6.3.3 多機系統の定態安定度 ………………………………………94
6.4 過渡安定度 ………………………………………………………98
　6.4.1 等面積法による解析法 ………………………………………99
　6.4.2 数値積分法 ……………………………………………………102
6.5 電圧安定度 ………………………………………………………104
　6.5.1 電圧安定度の概要 ……………………………………………104
　6.5.2 動的解析法 ……………………………………………………106
　6.5.3 静的解析法 ……………………………………………………106
6.6 安定度向上策 ……………………………………………………108
演習問題 ……………………………………………………………109

7. 電力系統の制御

7.1 負荷周波数制御 …………………………………………………110
　7.1.1 系統特性定数 …………………………………………………110
　7.1.2 連係線潮流-周波数特性 ……………………………………112
7.2 自動発電機制御 …………………………………………………115
7.3 電圧・無効電力制御 ……………………………………………120
　7.3.1 電圧・無効電力制御の必要性 ………………………………120
　7.3.2 発電機の自動電圧調整器 ……………………………………121
　7.3.3 電圧・無効電力制御システム ………………………………123
演習問題 ……………………………………………………………123

8. 電力システムの新潮流

- 8.1 知的情報処理 …………………………………………………… 124
  - 8.1.1 知的情報処理の応用の歴史 ………………………… 124
  - 8.1.2 知識ベースと推論機構 ……………………………… 128
  - 8.1.3 新しい知識表現 ……………………………………… 129
  - 8.1.4 高次推論 ……………………………………………… 131
  - 8.1.5 ハイブリッド形インテリジェントシステム ……… 136
- 8.2 ニューラルネットワーク ……………………………………… 137
  - 8.2.1 ニューロンのモデル ………………………………… 137
  - 8.2.2 階層型ニューラルネットワーク …………………… 138
  - 8.2.3 相互結合型ニューラルネットワーク ……………… 139
  - 8.2.4 ニューラルネットワークの学習 …………………… 140
- 8.3 ファジィ理論 …………………………………………………… 146
  - 8.3.1 ファジィ集合論 ……………………………………… 146
  - 8.3.2 ファジィ関係 ………………………………………… 152
  - 8.3.3 ファジィ推論 ………………………………………… 154
- 8.4 メタヒューリスティックス …………………………………… 156
  - 8.4.1 遺伝的アルゴリズム ………………………………… 156
  - 8.4.2 タブーサーチ ………………………………………… 160
- 8.5 インテリジェントシステムの発展とその可能性 …………… 162
- 演習問題 ……………………………………………………………… 165

付録 電気事業法 ………………………………………………… 166
引用・参考文献 …………………………………………………… 170
演習問題解答 ……………………………………………………… 171
索引 ………………………………………………………………… 180

1 電力システムとその特徴

電気事業は，**発電所**（power station），**送電線**（transmission line），**変電所**（substation），**配電線**（distribution line），**需要家**（consumer）からなる**電力システム**（power system）を日夜停止することなく運転し，良質（無停電，電圧と周波数が規定値以内，無歪）で安価な電力を公平・平等に安定供給するという責務を負っている．この責務は，近年の社会における電力エネルギーに対する依存度が増大を続ける中で，ますます重要になってきている．

また，電力系統は人工のシステムの中で最大規模であり，もはやコンピュータの力を借りなければ運転できなくなっている．電力需要はわが国の経済成長とともに大幅に伸びてきており，今後も着実に増加していくと予想されている．それに伴い電力系統も拡大を続けており，大規模システムであるがゆえの技術的諸問題の発生や，地球規模の環境保全の立場から経済性の追求のみならず，新たな視点での展開も要求されるようになった．

一方，1995 年（平成 7 年）4 月に電気事業法が 31 年ぶりに改正され，わが国でも電力市場の自由化が始まり，電力事業を取り巻く環境は急激な変化を遂げようとしている（付録　電気事業法　参照）．

1.1　電力システム

電力システムは，図 1.1 に示すように発電所，送電線，変電所，配電線，需要家などの要素が機能的に密接に結合されたシステムである．送電線と配電線は総称して電力流通設備と呼ばれる．また，送電線からなるネットワークを**送電系統**（transmission network），配電線からなるネットワークを**配電系統**（distribution network）と呼び，その運転方式は大きく異なっている．わが

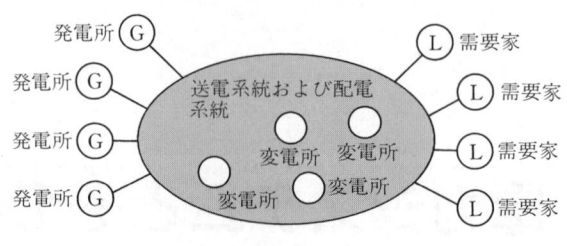

図1.1 電力システム

国におけるコンピュータによる自動化は，発電所の発電制御用コンピュータと上位の送電系統の給電制御用コンピュータシステムから始まり，引き続いて配電系統に対する配電制御用コンピュータシステムへと進められている。

1.2 電力システムの特徴

電力システムの特徴を列記すれば，以下のようになる。

① 電力システムは人工のシステムの中で最も巨大で複雑なシステムである。したがって，システム工学に関するあらゆる問題を内在している。

② 電力システムには巨大な投資が行われる。電気事業は公益事業的な性格を持つ巨大基幹産業であるため，あらゆる新技術を用いて良質な電気を不断に，しかも安価に供給するという使命を達成することが求められる。電力システムに投資される予算規模は年13〜14兆円であり，これは国の一般会計の約19%にも相当する。

③ 電力システムはきわめて社会性が強いシステムである。わが国で消費される石油，石炭，LNGなどの第一次エネルギーの電力化率は年々伸びており，社会生活で電気エネルギーが使われる割合が増してきている。それに伴い大停電などによる社会への影響はきわめて大きいため，電力システムの運転には高い信頼性が求められる。また，地球規模のエネルギー問題や環境保全など立場からも電力システムを考えることが不可欠になってきている。さらに，最近では規制緩和という社会情勢の影響も受け，従来の

電力システムの仕組みが変化しつつある。

④ 電力システムは瞬時的性格を持ち，電気の貯蔵能力はほとんどない。これは，ほかのシステムと大きく異なる特徴であり，このことが電力システムの制御を複雑にしている。すなわち，時間とともに変化する需要に応じて過不足なく発電を行う必要があるということである。近年，電気エネルギーを位置エネルギーや化学エネルギーなどの形態に変えて貯蔵しようとする電力貯技術の研究が精力的に行われているが，経済性の面から本格的適用までにはまだ時間が必要である。

⑤ 電力システムは大域性と局所性を同時に有する。有効電力と周波数は**大域的**（global）性質を持ち，無効電力と電圧は**局所的**（local）性質を持つ。すなわち，電気現象は光速に近い速度でネットワーク内を伝搬するので地理的に遠方で起こった有効電力の変化は即座にネットワーク全体の周波数の低下を生じさせる。一方，無効電力は有効電力の流れをスムーズにするためのもので，われわれの体に例えるなら関節の潤滑液のようなものであるといわれている。この無効電力は，送電線で安定に有効電力を送るために必要でネットワークの各所に必ず一定量必要である。また，ネットワークの各部の電圧は無効電力と密接に関連している。

⑥ 電力システムは成長発展あるいは改新をつねに伴うシステムである。

⑦ 電力システムは広域に広がっているが，需要は都市に偏在化している。

⑧ 電力システムは雷，そのほかの自然現象や人為的な原因による事故が，かなりの頻度で発生することを前提としたシステムである。

1.3 電力システムの現状

〔1〕 わが国の連係系統

わが国の電力事業は，全国を10の地域に分け，一地域一電力会社により発電，送電，配電を一貫して運営し一般の需要に電力を供給しているが，1995年の電気事業法の改正で独立系発電会社（IPP）で一部の発電が行われるよう

になった．図 1.2 に示すように，東京以北の東日本は 50 Hz，中部以西の西日本は60Hzと異なる周波数で運転されており，佐久間周波数変換所（30万kW，275 kV）と新信濃周波数変換所（60万 kW，275 kV）の 2 箇所で連係されている．さらに，広域連係力の増強の目的で東清水周波数変換所（30万 kW）が 2001 年に運開予定となっている．また，北海道と東北は直流送電（±250 kV，亘長 168 km）で連係されており，現在さらに西日本地域の電力需要の増加に対応して四国と関西の間を阿南紀北直流幹線（±250 kV，100 km）で連係する工事が進んでいる（2001 運開予定）．

図 1.2　わが国の連係系統

〔2〕 **販売電力量の推移**

販売電力量は，景気，社会の動きや気温などの影響を敏感に反映する。安定成長期に入った近年では年々着実な増加傾向にあり，図1.3に示すように1995年（平成7年）度は10年前の約1.5倍にまで増加した。特に最近では産業用需要よりも民生用の伸びが顕著となっているのが特徴である。情報化社会の進展やアメニティ志向の高まりを受け，今後10年間の販売電力量も年平均2％のペースで増加すると予想されている。

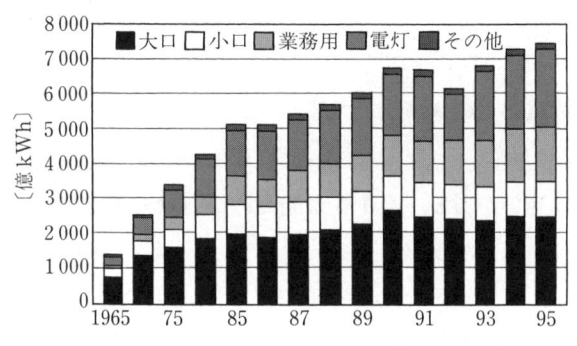

図1.3 販売電力量の推移（10電力計）

〔3〕 **電源別構成比の推移**

日本の電源構成はかつては石炭火力への依存度が高かったが，戦後から経済成長期にかけては増大する電力需要に対応するために，低価格の石油火力が電源構成の中心となっていた。しかし，1973年（昭和48年）からの2度にわたる石油ショックを経て，また悪化する環境問題への対応が求められた事情を受けて，電力を安定供給するために脱石油火力の動きと電源の多様化が急速に進められた。現在では図1.4に示すように火力（石油，LNG，石炭），水力，原子力，そのほかの電源のバランスがとれた多様な電源設備構成となっている。このことを**電源のベストミックス**と呼んでいる。

6 1. 電力システムとその特徴

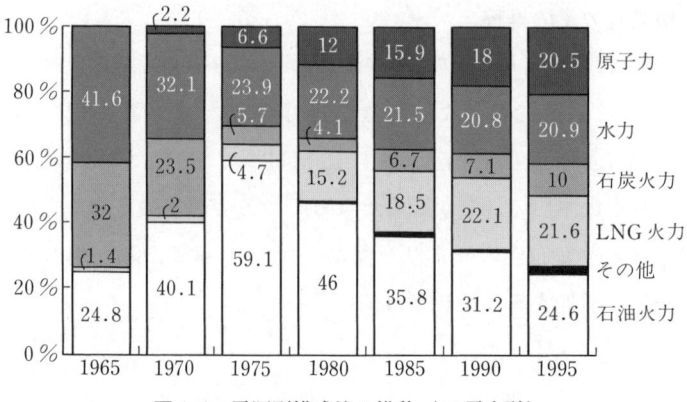

図1.4 電源別構成比の推移（10電力計）

〔4〕 発受電電力量の構成比の推移

火力（石油，LNG，石炭），水力，原子力などの発電設備は，経済性や運転特性にそれぞれ違いがある。図1.5は発受電電力量の構成比の推移を示す。例えば，原子力は運転コストが安いことなどから，ベース供給力として高い利用率となっており，石油火力は比較的運転コストが高いものの電力需要の変動への対応に優れていることから，ピーク供給力となっている。

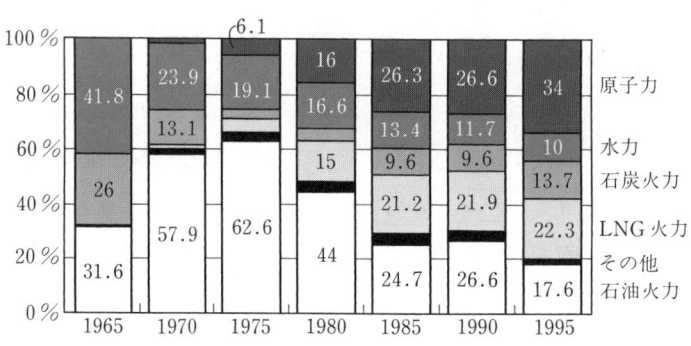

図1.5 発受電電力量の構成比の推移（10電力計）

〔5〕 1日の電力消費量の格差

電気の消費量は，図1.6に示すように1日の中でも時間帯によって変化する。特に，夏の暑い日の日中は冷房用の電力需要のため電力消費量はピークに

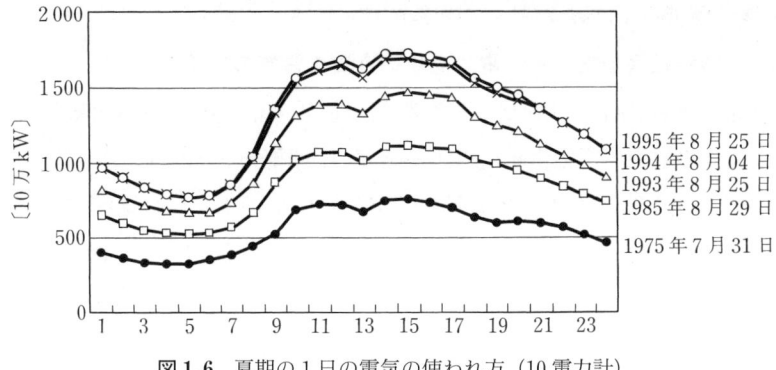

図1.6 夏期の1日の電気の使われ方（10電力計）

達し，最も少ない時間帯の消費量との格差は2～3倍になる。ピークの消費量は年々更新され，格差はさらに拡大の傾向をみせている。電力は貯蔵できないため，安定供給のためにはピークに合わせた設備容量が必要になる。したがって，需要の低い時間帯には半分の設備が遊んでいるという結果になり，設備利用率の低下を招き電力のコストを上昇させる。

〔6〕 **季節間の電力消費格差の拡大**

電気の消費量は，1965年（昭和40年）代初めまでは1年を通してほぼ一定であった。しかし，図1.7に示すように近年になるにつれて，夏・冬と春・秋との消費量の格差はますます広がる傾向にある。特に，冷房機器の普及に伴って夏の消費量の増加が著しく，気温が1度上がると，約450万kW，すなわち

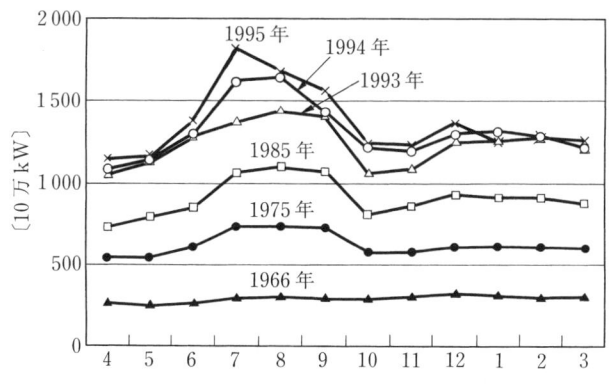

図1.7 月別に見た電気の使われ方（10電力計）

150万軒の家庭分の電力が増えるといわれている。

〔7〕 情報社会を支える停電の少ない良質な電気の供給

情報化の進展に伴うコンピュータなどの情報通信機器の急速な普及によって，これまで以上に電力供給に対する高度の信頼性が求められている。こうしたニーズに応えるために，発電所の安定した運転のほかに，送配電線網の整備，保守の充実など電力輸送の品質向上に取り組む必要がある。**図1.8**に需要家当りの年間停電回数と停電時間の推移を示す。主要各国と停電時間を比較すると，**図1.9**に示すように日本は際立って停電時間が少なく，品質の高い電気を供給しているといえる。

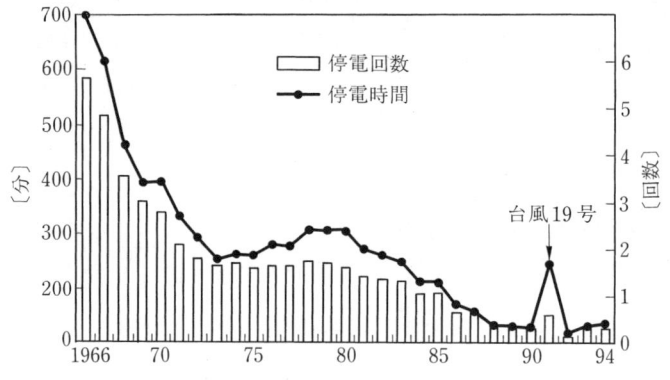

図1.8 需要家当りの年間停電回数と停電時間の推移（10電力計）

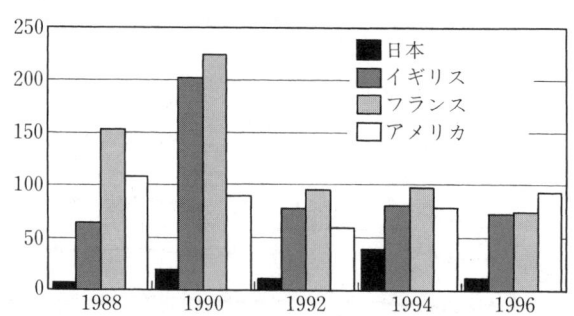

図1.9 需要家当りの年間停電回数（各国比較）

1.4 電力システムにおける諸問題

1.2節で述べた事項に起因して、以下のようなさまざまな問題がある。

① **エネルギーの安定確保について長期的観点から真剣な検討を行う必要がある**。特に、わが国は資源を持たないためにエネルギーの海外依存度は81.7％であり、石油に限定すると、じつに99.7％になっている（1993年）。すなわち、わが国の社会生活は、海外に依存することによってのみ成り立っていることに再度認識を深める必要がある。これから21世紀にかけての全地球的な問題として、人口の増加、消費の拡大、資源の枯渇、環境の悪化などが挙げられている。この中で、エネルギーの安定確保の点から考えると、資源の枯渇は大きな問題である。例えば、オイル＆ガスジャーナル誌が発表した1995年末世界の石油埋蔵量（確認埋蔵量）は1兆75億バレルで、1995年の生産量（採油量）は224億バレルであったので、世界の原油可採年数は45年となる。石油が残り少なくなった時、産油国が世界の国々に平等に石油を輸出してくれる保証はどこにもないと考えるべきである。

② **環境問題に対応した電力システムの構築に取り組む必要がある**。二酸化炭素（CO_2）による地球温暖化は、地球レベルの広範な影響が懸念されることから、国際的な取り組みが行われている地球環境問題の一つである。地球温暖化によって、(i)地球規模の洪水パターンの変化やそれによる乾燥化・湿潤化等の気象変動、(ii)氷河の融解や海水温度の上昇による海面上昇とそれによる沿岸地域の都市・田畑への浸水、(iii)生態系の変化や穀倉地帯の干ばつなどの影響が懸念されている。わが国では、1990年10月に政府より発表された"地球温暖化防止行動計画"では、「CO_2総排出量を2000年以降1900年レベルで安定させるように努力する」としている。また、1997年12月に日本が議長国を務めた「第3回地球温暖化防止京都会議（COP 3）」により先進国は2010年までのCO_2などの温暖化ガスの削減目

標を互いに約束した。日本の国際公約は1990年比6％減である。この目標に向けて産業・民生・運輸の各部門での積極的な取り組みが必要となっている。

③ **エネルギーの低価格化に努める必要がある**。発電設備の有効利用によりエネルギーを効率よく使うことができれば，発電設備への設備投資が押さえられて，最終的には電気料金の値下げになる。この電力エネルギーの有効利用に関しては，電力の**負荷率改善，ピークシフト，ピークカット，ボトムアップ，DSM**（demand side management）などの用語が問題解決のキーワードになっている。**負荷率**（load factor）は，ある期間の平均電力と最大電力の比で，その期間の選び方により日負荷率，月負荷率，年負荷率がある。この負荷率は，1960年代まで約70％という高い水準にあったが，夏の冷房需要が年々増加し現在では55％にまで低下している。すなわち，設備のムダは50％に迫るまで増大しているといえる。負荷率が1％下がると電力会社にとってのコストアップは約1500億円といわれている。対策は1日を通じて電気を可能な限り平均的に使い負荷率を引き上げることである。DSMは需要の構造を負荷率増加型に変えること，ピークシフトは昼の電力需要を夜に移し替えること，ピークカットは昼間の最も多い需要を押え込むこと，ボトムアップは夜の需要を高めることである。

④ **基盤技術の強化・整備に努め，供給信頼度を確保する必要がある**。成長を続ける電力システムに対応できるように絶えず基盤技術の高度化に努め，新種電源の開発などの発電設備の研究開発，電源広域化に対応する長距離大容量送電・安定化技術などの流通設備に関する研究開発を行う必要がある。

⑤ **電力市場の規制緩和に対応した新しい電力システムの構築に努力する必要がある**。1995年の電気事業法の改正で電力卸事業の自由化がなされ，独立系発電会社（IPP）のような発電事業者が登場した。さらに電気事業審議会において部分自由化の検討が進められ，2000年には20 kV，原則

2 000 kW 以上の需要家への電力小売りが自由化されることになった。電力市場自由化においては，効果的に需要家と供給者を関係付け，適正な価格を形成することにより効率的な資源配分を実現していくかが重要である。

演 習 問 題

1.1 インターネットのサーチエンジンを用いて，表 1.1 の電力会社のホームページにアクセスしてみよ。

表 1.1

北海道電力(株) http://www.hepco.co.jp	東北電力(株) http://www.tohoku-epco.co.jp
東京電力(株) http://www.tepco.co.jp	中部電力(株) http://www.chuden.co.jp
北陸電力(株) http://www.rikuden.co.jp	関西電力(株) http://www.kepco.co.jp
中国電力(株) http://www.energia.co.jp	四国電力(株) http://www.yonden.co.jp
九州電力(株) http://www.kyuden.co.jp	沖縄電力(株) http://www.okiden.co.jp

1.2 "地球温暖化"などをキーワードにして，インターネットのサーチエンジンを用いて適切な情報を入手し，以下の事項をまとめよ。
 （1） CO_2 による地球温暖化のメカニズム
 （2） 電気事業と CO_2 排出との関連
 （3） 電気事業における CO_2 抑制対策
 （4） CO_2 による地球温暖化に対する提言

2 電力系統の表現方法

　電力システムは数学的には回路理論に基づいてモデル化できる。電力システムのモデルの難しさは，多相であること，要素数が非常に多いこと，さらに変圧器により多くの電圧階級の部分にシステムが分割されていることの3点に起因している。したがって，電力システムのモデル化においては，上述の複雑さをできるだけ小さくするように配慮する必要がある。

　具体的には，電力システムの各要素間の接続関係を簡単に表現するために，制御用計算機システムのCRT画面では**単線結線図**（one-line diagram）が利用されている。また，系統解析計算を簡単にするために，平衡三相回路は**単相等価回路**（per-phase equivalent circuit）として扱われている。さらに，**単位法**（per-unit system）を採用し変圧器による分割の影響が除かれている。

2.1 単線結線図

　電力システムは，きわめて複雑な電気回路であるため通常の電気回路図を使用することは実用的ではない。したがって，電力システムの情報を表示するための最も効率的な方法は，電力システムの要素や開閉器の場所などを表す図を描くことである。そのような図は，単線結線図（または単結図）と呼ばれている。単線結線図は，発電機，変圧器，送電線，負荷，調相設備，遮断器，断路器などの相対的な電気的接続関係を表す。単線結線図で使用されるシンボルには標準として決まったものはないが，だいたい想像がつくシンボルが用いられている。単線結線図に対応する単相等価回路図を**図2.1**に示す。また，ほとんどの系統解析計算は単相等価回路を用いて行われ，その結果は，3相の対称性

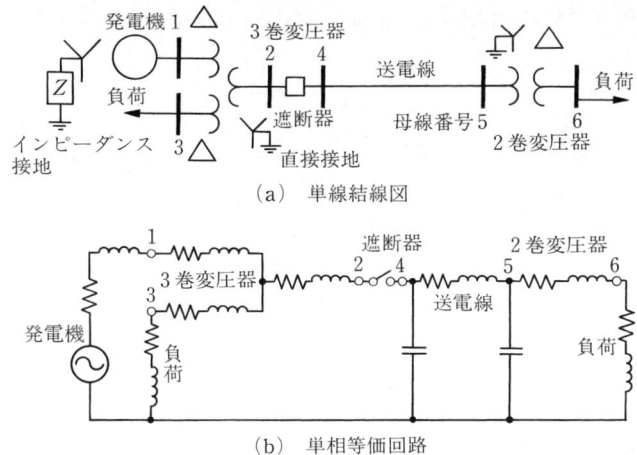

図 2.1 単線結線図に対応する単相等価回路

によって容易に3相等価回路に変換することができる。

2.2 単相回路解析

平衡した多相回路の問題を扱う場合には，一つの相における結果のみ求めればよく，ほかの相は単に位相をシフトすることによって求めることができる。ここで使用される単相等価回路は，**対称座標法** (method of symmetrical coordinates) における**正相回路** (positive-sequence equivalent circuit) に対応している。

例題 2.1 三相 2 400 〔V〕の電源がつぎの並列負荷に電力を供給している。

　　負荷 1：300〔kVA〕，力率 0.8（遅れ）

　　負荷 2：240〔kVA〕，力率 0.6（進み）

a 相の相電圧を $V_a = 1\,386 \angle 0°$〔V〕として（相順を a, b, c）

（1）単相等価回路を描け。

（2）すべての線路電流を求めよ。

【解答】（1）まず，a相に着目すると，負荷1に供給される複素電力 S_{a1} は次式で求められる。

$$S_{a1} = \frac{300 \angle \phi_1}{3} = 100 \angle \phi_1 \ [\text{kVA}]$$

ここで，$\phi_1 = \cos^{-1}(0.8) = +36.9°$（力率が遅れであるので ϕ_1 は正）。

同様に

$$S_{a2} = 80 \angle (-53.1°) \ [\text{kVA}]$$

ここで，$S_{a1} = V_a \cdot \overline{I}_{a1}$ の関係（$\overline{I}_a$ は I_a の共役ベクトル）から I_{a1} は次式となる。

$$I_{a1} = \left(\frac{\overline{S}_{a1}}{\overline{V}_a}\right) = \frac{100 \angle (-36.9°)}{1\,386 \angle 0°} = 72.2 \angle (-36.9°) \ [\text{A}]$$

同様に

$$I_{a2} = \left(\frac{\overline{S}_{a2}}{\overline{V}_a}\right) = \frac{80 \angle 53.1°}{1\,386 \angle 0°} = 57.7 \angle 53.1° \ [\text{A}]$$

したがって，Y形の等価インピーダンスは以下のようになる。

$$Z_{a1} = \frac{V_a}{I_{a1}} = \frac{1\,386 \angle 0°}{72.2 \angle (-36.9°)} = 19.2 \angle 36.9° = 15.35 + j11.53 \ [\Omega]$$

$$Z_{a2} = \frac{V_a}{I_{a2}} = \frac{1\,386 \angle 0°}{57.7 \angle (+53.1°)} = 24.0 \angle (-53.1°) = 14.41 - j19.19 \ [\Omega]$$

図 2.2 に単相等価回路を示す。

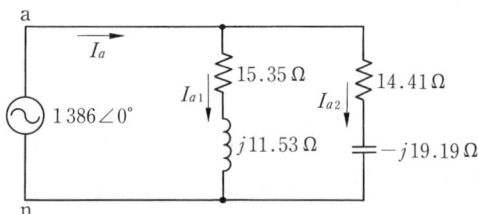

図 2.2 単相等価回路

（2）つぎに線路電流を求める。

$$\begin{aligned}
I_a &= I_{a1} + I_{a2} = 72.2 \angle (-36.9°) + 57.7 \angle (+53.1°) \\
&= 57.7 - j43.4 + 34.6 + j46.1 \\
&= 92.3 + j2.7 = 92.3 \angle 1.7° \ [\text{A}]
\end{aligned}$$

三相平衡回路なので，b，c相の線電流は位相をシフトして

$$I_b = 92.3 \angle (1.7° - 120°) = 92.3 \angle (-118.3°) \ [\text{A}]$$

$$I_c = 92.3 \angle (1.7° - 240°) = 92.3 \angle 121.7° \ [\text{A}]$$

として求められる。

以上のように，単相等価回路を用いた解析ではY形負荷を用いるのが最良の方法である．もし，実際の負荷がΔ形接続であってもY形に変換して計算すると計算が簡単になる．図2.2に示したように，単相等価回路の下の線は**中性線**（neutral line）を表しており，電圧は線路と中性線間の相電圧，電流は線電流を示している．

2.3 単 位 法

工学における多くの状況において工学単位のスケーリングあるいは正規化は有用であり，電力システムの解析の場合にも用いられている．その方法は単位法と呼ばれる方法である．単位法は手計算の簡単化のために考案されたものであり以下のような長所がある．

① 電力システムを構成する装置のパラメータは比較的狭い範囲に存在するため，パラメータの誤りが目立つようになる．

② この方法により，電力システムを構成する要素から**理想変圧器**（ideal transformer）を除外することができる．このことは，通常の電力システムの変圧器数が数百のオーダであることを考慮すれば，解析を簡単化するために役立つことになる．

③ 通常，電力システムの各部の電圧の値が1.0 puの近傍になり，異常値の発見が容易になる．

単位法は一つのスケーリングの方法であるから，回路理論のいかなる法則もそのまま使用できる．

単位法のスケーリングは式(2.1)で与えられる．

$$単位法 = \frac{実際の値}{基準値} \tag{2.1}$$

基準値は実際の値とつねに同一の単位であるから，単位法の値は無次元である．また，基準値はつねに実数値であるが，実際の値は複素数でも構わない．複素数を極座標で扱う場合には，単位法の位相角は実際の値である．

2. 電力系統の表現方法

まず，**複素電力** (complex power) の単位法表現を求めてみると式(2.2)のようになる。

$$S = V \cdot \overline{I} \tag{2.2}$$

すなわち，式(2.3)で表される。

$$|S| \angle \phi = |V| \angle \alpha \cdot |I| \angle (-\beta) \tag{2.3}$$

ここで，任意の〔VA〕の単位を有する実数値 S_{base} を仮定し，その値で両辺を割ると式(2.4)となる。

$$\frac{|S| \angle \phi}{S_{base}} = \frac{|V| \angle \alpha \cdot |I| \angle (-\beta)}{S_{base}} \tag{2.4}$$

また，S_{base} を式(2.5)で定義する。

$$S_{base} = V_{base} \cdot I_{base} \tag{2.5}$$

ここで，V_{base} か I_{base} のいずれかは任意に選ぶことができる（両方同時にはできない）。

式(2.5)を式(2.4)に代入すると式(2.6)〜(2.9)が得られる。

$$\frac{|S| \angle \phi}{S_{base}} = \frac{|V| \angle \alpha \cdot |I| \angle (-\beta)}{V_{base} \cdot I_{base}} \tag{2.6}$$

$$|S_{pu}| \angle \phi = \frac{|V| \angle \alpha \cdot |I| \angle (-\beta)}{V_{base} \cdot I_{base}} \tag{2.7}$$

$$S_{pu} = |V_{pu}| \angle \alpha \cdot |I_{pu}| \angle (-\beta) \tag{2.8}$$

$$\therefore \quad S_{pu} = V_{pu} \cdot \overline{I}_{pu} \tag{2.9}$$

ここで，添え字の pu は単位法の値であることを示す。

つぎに，オームの法則の単位法表現を求めてみる。まず，Z_{base} を式(2.10)で定義する。

$$Z_{base} = \frac{V_{base}}{I_{base}} = \frac{V_{base}^2}{S_{base}} \tag{2.10}$$

オームの法則 ($Z = V/I$) の両辺を Z_{base} で割ることによって，式(2.12)のように単位法の表現に変換できる。

$$\frac{Z}{Z_{base}} = \frac{V/I}{Z_{base}} \tag{2.11}$$

2.3 単位法

$$\therefore Z_{pu} = \frac{V/I}{V_{base}/I_{base}} = \frac{V/V_{base}}{I/I_{base}} = \frac{V_{pu}}{I_{pu}} \tag{2.12}$$

また，式(2.13)が成立する。

$$Z_{pu} = \frac{Z}{Z_{base}} = \frac{R+jX}{Z_{base}} = \left(\frac{R}{Z_{base}}\right) + j\left(\frac{X}{Z_{base}}\right) = R_{pu} + jX_{pu} \tag{2.13}$$

式(2.13)より，R と X はそれぞれ別の基準値は不要であることがわかる。

$$Z_{base} = R_{base} = X_{base} \tag{2.14}$$

同様に，P と Q もそれぞれ別の基準値は不要である。

$$S_{base} = P_{base} = Q_{base} \tag{2.15}$$

例題 2.2 100〔V〕の正弦波電源に，直列に3〔Ω〕の抵抗と8〔Ω〕のインダクタンスと4〔Ω〕のキャパシタンスが接続されているとする。$V_{base}=100$〔V〕，$S_{base}=500$〔VA〕として単位法を用いて以下の問いに答えよ。

（1） 単位法で表した回路図を描け。
（2） 直列インピーダンス，電流，および複素電力を求めよ。

【解答】（1） まず，I_{base} と Z_{base} を求める。

$$I_{base} = \frac{S_{base}}{V_{base}} = \frac{500}{100} = 5 \text{〔A〕}, \qquad Z_{base} = \frac{V_{base}}{I_{base}} = \frac{100}{5} = 20 \text{〔Ω〕}$$

つぎに，電気諸量を単位法の値に変換する。

$$V_{pu} = \frac{V}{V_{base}} = \frac{100 \angle 0°}{100} = 1.0 \angle 0° \text{〔pu〕}$$

$$R_{pu} = \frac{R}{Z_{base}} = \frac{3}{20} = 0.15 \text{〔pu〕}$$

$$X_{L\,pu} = \frac{X_L}{Z_{base}} = \frac{8}{20} = 0.40 \text{〔pu〕}$$

$$X_{C\,pu} = \frac{X_C}{Z_{base}} = \frac{4}{20} = 0.20 \text{〔pu〕}$$

したがって，単位法で表現した回路図は**図 2.3** のようになる。
（2） 単位法で表現した回路図を用いて諸量を求める。

$$Z_{pu} = 0.15 + j(0.4 - 0.2) = 0.15 + j0.20 = 0.25 \angle (+53.1°) \text{〔pu〕}$$

$$I_{pu} = \frac{V_{pu}}{Z_{pu}} = \frac{1.0 \angle 0°}{0.25 \angle +53.5°} = 4.0 \angle (-53.1°) \text{〔pu〕}$$

18   2. 電力系統の表現方法

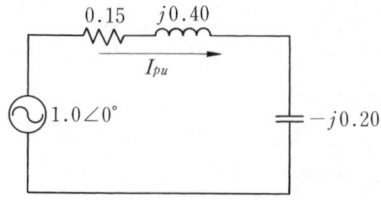

図 2.3　単位法で表した回路図

$S_{R\ pu} = |I_{pu}|^2 \cdot R_{pu} = (4.0)^2(0.15) = 2.4 + j0.0$ 〔pu〕
$S_{L\ pu} = j|I_{pu}|^2 \cdot X_{L\ pu} = j(4.0)^2(0.40) = 0.0 + j6.4$ 〔pu〕
$S_{C\ pu} = -j|I_{pu}|^2 \cdot X_{C\ pu} = -j(4.0)^2(0.20) = 0.0 - j3.2$ 〔pu〕
$S_{pu} = S_{R\ pu} + S_{L\ pu} + S_{C\ pu} = 2.4 + j6.4 - j3.2 = 2.4 + j3.2$
$\quad = 4.0 \angle (+53.1°)$ 〔pu〕

したがって，単位法で表された諸量を実際の値に変換すれば以下のようになる．

$Z = Z_{pu} \times Z_{base} = 0.25 \angle 53.1° \times 20 = 5.0 \angle 53.1°$ 〔Ω〕
$I = I_{pu} \times I_{base} = 4.0 \angle -53.1° \times 5 = 20.0 \angle -53.1°$ 〔A〕
$S = S_{pu} \times S_{base} = 4.0 \angle 53.1° \times 500 = 2\,000.0 \angle 53.1°$ 〔VA〕

ここで，単位法の適用方法をまとめると以下のようになる．

【単 位 法】

（**step 1**）　まず，S，V，I，Z の四つの量が含まれることに着目し，これらの中から任意に二つの量を選択して，以下の式からほかの二つの基準値を計算する．

$$S_{base} = V_{base} \cdot I_{base}, \quad Z_{base} = \frac{V_{base}}{I_{base}} = \frac{V_{base}^2}{S_{base}}$$

（**step 2**）　すべての量の単位法による値を次式により計算する．

$$単位法 = \frac{実際の値}{基準値}$$

（**step 3**）　この単位法で表された回路に対して，通常の回路理論を適用して問題を解く．

（**step 4**）　最後に，その結果を次式により実際の値に変換する．

$$実際の値 = 単位法の値 \times 基準値$$

電力システムにおいては，通常基準値は S_{base} と V_{base} が選ばれているので，電圧は 1.0 付近の値となる。また，S_{base} は電力システムの規模によって，1，10，100，1000 MVA のいずれかが用いられている。

2.4 単位法の 3 相への拡張

2.4.1 変圧器を含まない場合の 3 相単位法表現

電力システムは 3 相が用いられているので，単位法のスケーリングを 3 相に拡張しなければならない。変圧器を考慮しない場合，単位法の 3 相への変換は式 (2.16) で与えられる。

$$\text{単位法} = \frac{\text{SI 単位法による実際の値}}{\text{同一の SI 単位系による基準値}} \tag{2.16}$$

ここで，基準値には以下のものが使用される。

S_{base}：基準容量〔VA〕　原理的には S_{base} は任意に選ぶことができるが，実際には電力システムの規模によって，$3 \times S_{base}$ として 1，10，100，1000〔MVA〕のいずれかが用いられている。

V_{base}：基準電圧〔V〕　V_{base} も任意に選ぶことができるが，実際には $V_{base} = V_{LN\,nominal}$ が用いられる。ここで，$V_{LN\,nominal}$ は相電圧（線路-中性線電圧）の実効値〔V〕である。添え字の nominal は公称電圧を意味している。

S_{base} と V_{base} を用いると，基準電流と基準インピーダンスは式 (2.17)，(2.18) のように計算される。

$$I_{base} = \frac{S_{base}}{V_{base}} \tag{2.17}$$

$$Z_{base} = \frac{V_{base}}{I_{base}} = \frac{V_{base}{}^2}{S_{base}} \tag{2.18}$$

また，電力システムにおいては式 (2.19)〜(2.25) が成立する。

2. 電力系統の表現方法

$$S_{3\phi\ base} = 3 \times S_{base} \tag{2.19}$$

$$V_{L\ base} = \sqrt{3}\, V_{base} \tag{2.20}$$

$$Z_{Y\ base} = Z_{base} \tag{2.21}$$

$$Z_{\Delta\ base} = 3 \times Z_{base} \tag{2.22}$$

$$I_{L\ base} = I_{base} \tag{2.23}$$

$$I_{Y\ base} = I_{base} \tag{2.24}$$

$$I_{\Delta\ base} = \frac{I_{base}}{\sqrt{3}} \tag{2.25}$$

ここで，$S_{3\phi\ base}$ と $V_{L\ base}$ は装置の3相定格値である。

基準電流の式(2.17)と基準インピーダンスの式(2.18)は，別の形式として式(2.26)，(2.27)も使用されることがある。

$$I_{base} = I_{L\ base} = \frac{S_{base}}{V_{base}}$$

$$\therefore\ \ I_{L\ base} = \frac{S_{3\phi\ base}/3}{V_{L\ base}/\sqrt{3}} = \frac{S_{3\phi\ base}}{\sqrt{3}\, V_{L\ base}} \tag{2.26}$$

$$Z_{base} = Z_{Y\ base} = \frac{V_{base}}{I_{base}}$$

$$\therefore\ \ Z_{Y\ base} = \frac{V_{L\ base}/\sqrt{3}}{S_{3\phi\ base}/(\sqrt{3}\cdot V_{L\ base})} = \frac{V_{L\ base}^{2}}{S_{3\phi\ base}} \tag{2.27}$$

特にインピーダンスにおいては，一つの基準からほかの新しい基準に変換することが必要になることが多い。この変換は，式(2.16)より式(2.28)で与えられる。

$$新しい単位法の値 = 古い単位法の値 \times \left(\frac{古い基準値}{新しい基準値}\right) \tag{2.28}$$

また，単位法はパーセンテージで表されることも多い（1 pu = 100 %）。

$$\%値 = 単位法の値 \times 100 \tag{2.29}$$

例題 2.3 $S_{3\phi\ base} = 300\,[\mathrm{kVA}]$ で $V_{L\ base} = 2.4\,[\mathrm{kV}]$ として，例題2.1のシステムにおいて以下の問いに答えよ。

（1） システムの基準値を求めよ。

(2) 単位法によるすべての値を示した等価回路を描け。

(3) 電源のa相の電流〔A〕を求めよ。

【解答】 (1) システムの基準値

$$S_{base} = \frac{S_{3\phi\ base}}{3} = \frac{300}{3} = 100 \ [\text{kVA}]$$

$$V_{base} = \frac{V_{L\ base}}{\sqrt{3}} = \frac{2\,400}{\sqrt{3}} = 1\,386 \ [\text{V}]$$

$$I_{base} = \frac{S_{base}}{V_{base}} = \frac{100}{1.368} = 72.2 \ [\text{A}]$$

$$Z_{base} = \frac{V_{base}}{I_{base}} = \frac{1\,386}{72.2} = 19.2 \ [\Omega]$$

(2) 単位法

$$Z_{a1\ pu} = \frac{Z_{a1}}{Z_{base}} = \frac{19.2 \angle +36.9°}{19.2} = 1.0 \angle (+36.9°) = 0.8 + j0.6 \ [\text{pu}]$$

$$Z_{a2\ pu} = \frac{Z_{a2}}{Z_{base}} = \frac{24.0 \angle -53.1°}{19.2} = 1.25 \angle (-53.1°) = 0.75 - j1.00$$

$$[\text{pu}]$$

$$V_{a\ pu} = \frac{V_a}{V_{base}} = \frac{1\,386 \angle 0°}{1\,386} = 1.0 \angle 0° = 1.0 + j0.0 \ [\text{pu}]$$

単位法で表した等価回路は**図2.4**のようになる。

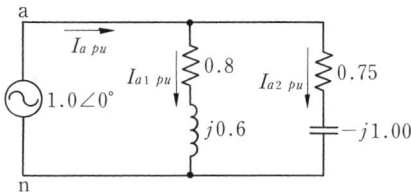

図2.4 単位法で表した等価回路

(3) a相の電流

$$I_{a1\ pu} = \frac{1.0 \angle 0.0°}{0.8 + j0.6} = \frac{1.0 \angle 0.0°}{1.0 \angle 36.9°} = 1.0 \angle (-36.9°) = 0.8 - j0.6$$

$$I_{a2\ pu} = \frac{1.0 \angle 0.0°}{0.75 - j1.0} = \frac{1.0 \angle 0.0°}{1.25 \angle -53.1°} = 0.8 \angle (53.1°) = 0.48 - j0.64$$

$$I_{a\ pu} = I_{a1\ pu} + I_{a2\ pu} = 0.8 - j0.6 + 0.48 + j0.64 = 1.28 + j0.04$$

$$= 1.28 \angle 1.8° \ [\text{pu}]$$

$$\therefore \ I_a = I_{a\ pu} \cdot I_{base} = (1.28 \angle 1.8°) \times (72.2) = 92.4 \angle 1.8° \ [\text{A}]$$

2.4.2 変圧器を含む場合の3相単位法表現

ここでは変圧器を含む場合の単位法の取り扱いについて考える。電力システムの基準値を計算する手続きは以下のように示される。

【基準値を計算する手続き】

(**step 1**) 電力システム内のすべての母線で同一とする $S_{3\phi\ base}$ を選択する。任意の母線において，次式が成立する。

$$S_{base} = \frac{S_{3\phi\ base}}{3}$$

ここで，$S_{3\phi\ base}$ には，1，10，100，1 000〔MVA〕のいずれかが用いられる。

(**step 2**) 電力システム内の特定の母線において V_{base} を選択する。通常，$V_{LN\ nominal}$（相電圧の実効値）を選び，$V_{base} = V_{LN\ nominal}$ とする。

(**step 3**) (step 2)で選択した母線に対称3相電源 $V_{LN} = V_{base}$ を印加し，ほかのすべての母線の電圧 V_{LN} を計算し，$V_{base} = V_{LN}$ とする。

- 二つの母線が変圧器を介さないで接続されている場合　二つの母線は同一の V_{base} を持つ。
- $V_{LN} = V_{base}$ が既知である母線 i が変圧器を介して母線 j と接続されている場合　理想変圧器として母線 j の V_{LN} を計算し，母線 j において $V_{base} = V_{LN}$ とする。

こうして，電力システムは変圧器により同一の V_{base} を持つ部分に分割される。

(**step 4**) 各母線の I_{base} と Z_{aase} は次式から計算される。

$$I_{base} = \frac{S_{base}}{V_{base}}, \quad Z_{base} = \frac{V_{base}}{I_{base}} = \frac{V_{base}^2}{S_{base}}$$

(**step 5**) 上述の各母線は一つの母線に直列に接続する要素に関連して，適切にスケーリングされた S，V，I，Z の値を持つ。

(**step 6**) 変圧器を介して接続される母線 i と母線 j 間の直列接続の要素に対しては，母線 i と j の基準値は同一であるから，どちらの母線の S，V，I，Z の値を採用してもよい。

(**step 7**) 変圧器で分離している母線に着目すると，変圧器の等価回路のインピーダンスはいずれかの巻線側で表されるので，当該側の母線の S, V, I, Z を使用する必要がある．すなわち，インピーダンスが母線 i 側で表されるなら母線 i の基準値が用いられ，インピーダンスが母線 j 側で表されるなら母線 j の基準値が用いられる．変圧器の等価回路は図3.5参照．

例題 2.4 図2.5に示す 3ϕ の電力システムで，母線2において $S_{3\phi\ base} = 100$ 〔MVA〕で $V_{L\ base} = 345$ 〔kV〕として以下の問いに答えよ．

（1） すべての母線に対して，S, V, I, Z の基準値を求めよ．

（2） 全データを単位法に変換し，単相等価回路図上に結果を示せ．

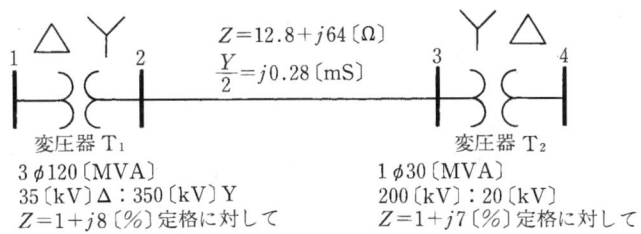

図2.5　モデル系統

【解答】 （1） 母線の基準値
- 母線2と3に対して（母線2と3は同一電圧階級）

$$S_{base} = \frac{S_{3\phi\ base}}{3} = \frac{100}{3} = 33.3 \ \text{〔MVA〕}$$

$$V_{base} = \frac{V_{L\ base}}{\sqrt{3}} = \frac{345}{\sqrt{3}} = 199 \ \text{〔kV〕}$$

$$I_{base} = \frac{S_{base}}{V_{base}} = \frac{33.3}{199} = 0.167 \ \text{〔kA〕}$$

$$Z_{base} = \frac{V_{base}^2}{S_{base}} = \frac{199^2}{33.3} = 1\,190 \ \text{〔Ω〕}$$

- 母線1に対して

$$S_{base} = 33.3 \ \text{〔MVA〕}$$

24   2. 電力系統の表現方法

$$V_{base} = 199 \times \frac{35}{350} = 19.9 \ [\text{kV}]$$

$$I_{base} = \frac{S_{base}}{V_{base}} = \frac{33.3}{19.9} = 1.67 \ [\text{kA}]$$

$$Z_{base} = \frac{V_{base}^2}{S_{base}} = \frac{19.9^2}{33.3} = 11.9 \ [\Omega]$$

- 母線 4 に対して

$$S_{base} = 33.3 \ [\text{MVA}]$$

$$V_{base} = 199 \times \frac{20}{200\sqrt{3}} = 11.5 \ [\text{kV}]$$

$$I_{base} = \frac{S_{base}}{V_{base}} = \frac{33.3}{11.5} = 2.90 \ [\text{kA}]$$

$$Z_{base} = \frac{V_{base}^2}{S_{base}} = \frac{11.5^2}{33.3} = 3.97 \ [\Omega]$$

（2）　単位法と単相等価回路　　与えられた問題は図 2.6 のような関係であることに注意して，各要素のデータを単位法に変換する。

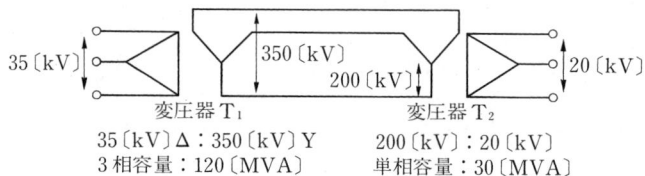

図 2.6　各部の電圧の関係

- 送電線に対して

$$Z = \frac{12.8 + j64.0}{Z_{base}} = \frac{12.8 + j64.0}{1\,190} = 0.010\,8 + j0.053\,8 \ [\text{pu}]$$

$$\frac{Y}{2} = \frac{j0.280 \times 10^{-3}}{1/Z_{base}} = \frac{j0.280 \times 10^{-3}}{1/1\,190} = j0.333 \ [\text{pu}]$$

変圧器においては，式(2.28)より次式の関係を利用する。

$$Z_{pu\ new} = Z_{pu\ old} \times \frac{Z_{base\ old}}{Z_{base\ new}}$$

ここで，$Z_{base\ old}$ は次式で計算できる。

$$Z_{base\ old} = \frac{\text{定格相電圧}}{\text{定格電流}} = \frac{(\text{定格相電圧})^2}{\text{変圧器容量（1 相分）}} = \frac{(\text{定格線間電圧})^2}{\text{変圧器容量（3 相分）}}$$

- 変圧器 T_1 に対して，$Z_{pu} = 0.01 + j0.08\,[\text{pu}]$（定格において）を基準値に変換する（3 相容量が与えられていることに注意）。

　　高圧側（母線 2）：

$$Z_{pu\ new} = (0.01 + j0.08) \times \left(\frac{345^2/120}{1\,190}\right) = 0.008\,3 + j0.066\,7 \ \text{〔pu〕}$$

低圧側（母線 1）：

$$Z_{pu\ new} = (0.01 + j0.08) \times \left(\frac{34.5^2/120}{11.9}\right) = 0.008\,3 + j0.066\,7 \ \text{〔pu〕}$$

- 変圧器 T_2 に対して，$Z_{pu} = 0.01 + j0.07$〔pu〕（定格において）を基準値に変換する（単相容量が与えられていることに注意）。

高圧側（母線 3）：

$$Z_{pu\ new} = (0.01 + j0.07) \times \left(\frac{200^2/30}{1\,190}\right) = 0.011\,2 + j0.078\,4 \ \text{〔pu〕}$$

低圧側（母線 4）：

$$Z_{pu\ new} = (0.01 + j0.07) \times \left\{\frac{20^2/(3 \times 30)}{3.97}\right\} = 0.011\,2 + j0.078\,4 \ \text{〔pu〕}$$

以上の結果から，単位法で表した単相等価回路は図 2.7 のようになる。

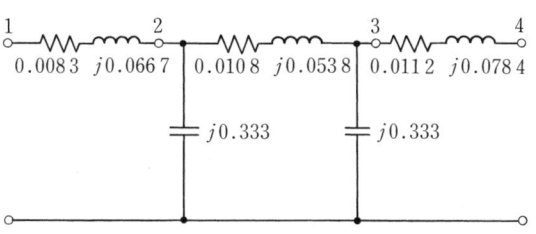

図 2.7 単位法で表した単相等価回路

演習問題

2.1 単位法で表したインピーダンスの基準値を変更するには以下の式がよく使用される。この式を証明せよ。

$$Z_{pu2} = Z_{pu1}\left(\frac{V_{L\ base1}}{V_{L\ base2}}\right)^2\left(\frac{S_{3\phi\ base2}}{S_{3\phi\ base}}\right)$$

2.2 図 2.8 のような電力システムについて以下の問いに答えよ。

（1） すべての母線について四つの基準値 S_{base}，V_{base}，I_{base}，Z_{base} を求めて，表にせよ。ただし，母線 2 において $S_{3\phi\ base} = 100$〔MVA〕で $V_{L\ base} = 34.5$〔kV〕とする。

（2） 与えられた電力システムの単相等価回路を描け。

（3） すべてのインピーダンスの値を単位法で表し，(2)で描いた図の中に記

入せよ。

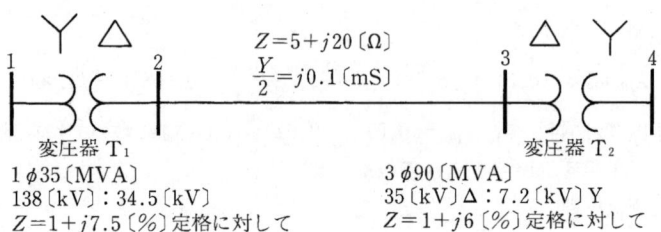

図 2.8 変圧器を含む電力システム

変圧器 T_1
$1\phi 35$ [MVA]
138 [kV] : 34.5 [kV]
$Z=1+j7.5$ [%] 定格に対して

変圧器 T_2
$3\phi 90$ [MVA]
35 [kV] Δ : 7.2 [kV] Y
$Z=1+j6$ [%] 定格に対して

3 電力回路網方程式

電力系統は，大規模な電気回路であるから，基本的に**閉路解析法**（loop analysis）や**節点解析法**（nodal analysis）のいずれかの解析法を適用することができる。しかし，一般に電力系統を**ノード**（node）と**ブランチ**（branch）で表現すると，母線に対応するノード数に比べて，送電線や変圧器に対応するブランチ数が非常に多いことがわかる。

したがって，系統解析では回路方程式の数が少なくなるように，ノードに着目する節点解析法を基本とした方法が用いられている。本章では，電力設備の表現方法と，系統解析の基本となるノード方程式について説明する。

3.1 電力系統設備の表現

電力系統には，発電機，送電線，変圧器，母線，調相設備，負荷などのさまざまな設備が存在する。これらの中から，電力系統解析に必要となる電力系統設備の表現方法について説明する。

3.1.1 送電線の表現

送電線は，図 3.1 のようにブランチに対応させて表現する。一般に，送電線の両端は発変電所の母線に対応するノードに接続している。電力潮流の向きを明確にするため，ブランチには方向を定義した**有向ブランチ**（directed branch）表現が用いられ，両端のノードはそれぞれ始端ノード，終端ノード，あるいは，From ノード，To ノードと呼ばれる。送電線を表現するブランチは，送電線インピーダンスに対応する直列のインピーダンス Z と対地静電容

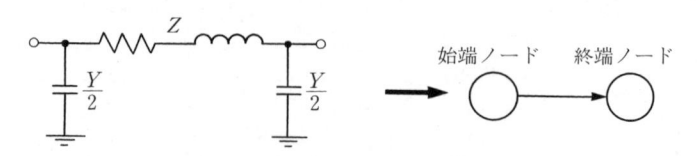

図 3.1 送電線の表現

量に対応する並列のアドミタンス Y とを持っている。

3.1.2 変圧器の表現

電力システムにおける変圧器の取り扱いには注意が必要である。すなわち，2章で示したように理想変圧器は電力システムの要素から除くことができた。この場合は，巻数比によって基準電流，基準電圧，基準インピーダンスを変換する必要があった。しかし，現実にはつぎの例のように具合の悪い場合がある。例えば，定格 230/13.2 kV と定格 220/12.5 kV が並列に接続された 2 台の 3 相変圧器があるとする。ここで，225 kV を高圧側の基準電圧とすると低圧側の基準電圧はどのように考えればよいだろうか。$V_{L\ base}$ はそれぞれつぎのように計算される。

変圧器 1 では

$$V_{L\ base} = \frac{13.2}{230} \times 225 = 12.91 \ \ [\mathrm{kV}]$$

変圧器 2 では

$$V_{L\ base} = \frac{12.5}{220} \times 225 = 12.78 \ \ [\mathrm{kV}]$$

したがって，低圧側の基準電圧 $V_{L\ base}$ が異なってしまう結果になる。このように電圧比が変圧器の巻数比に一致しない場合には，変圧器タップで巻き線の調整がなされる。このような変圧器を**基準外巻線比変圧器**（off nominal turn ratio transformer）と呼んでいる。

この変圧器の巻き線はタップで変更できるので，巻数比は変数として考えることができる。また，位相の変化は変圧器の巻数比を複素数として考えればよい。このことを**図 3.2** に示すモデルを用いて考察する。

3.1 電力系統設備の表現

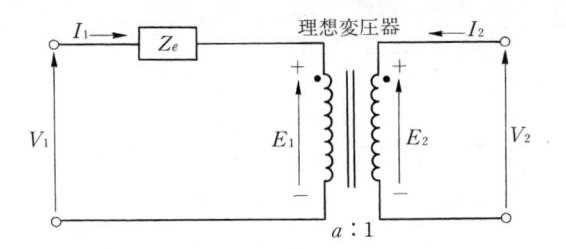

図3.2 変圧器の等価回路（数値はSI単位系）

変圧器の巻数比を複素数として式(3.1)のように定義する。

$$a = |a| \angle \alpha \tag{3.1}$$

ただし，α は位相変化量である。

$$|a| = \frac{N_1}{N_2} \quad : \quad 変圧器の巻数比 \tag{3.2}$$

変圧器の定義より式(3.3)が成立する。

$$E_1 = a E_2 \tag{3.3}$$

また，変圧器の1次側と2次側間の電力保存則より式(3.4)が成立する。

$$E_1 \cdot \bar{I}_1 = E_2 \cdot (-\bar{I}_2) \tag{3.4}$$

したがって，式(3.3)，(3.4)より式(3.5)が得られる。

$$I_2 = -\bar{a} \cdot I_1 \tag{3.5}$$

通常，巻数比は式(3.1)のように電圧比で与えられる。

$$|b| = \frac{1 次側線間電圧}{2 次側線間電圧} = 電圧比（実数） \tag{3.6}$$

したがって，$V_{1\,base}$ と $V_{2\,base}$ との関係は式(3.7)で表される。

$$V_{1\,base} = |b| \cdot V_{2\,base} \tag{3.7}$$

式(3.3)の両辺を式(3.7)で割り，単位法に変換すると式(3.8)が得られる。

$$\frac{E_1}{V_{1\,base}} = \frac{a \cdot E_2}{|b| \cdot V_{2\,base}} \tag{3.8}$$

したがって，c を単位法による複素巻数比とすれば式(3.9)となる。

$$E_{1\,pu} = c \cdot E_{2\,pu} \tag{3.9}$$

ただし

3. 電力回路網方程式

$$c = \frac{a}{|b|} = |c| \angle \alpha \tag{3.10}$$

である。

同様に，式(3.5)を単位法に変換すると式(3.11)が得られる。

$$I_{2\,pu} = -\bar{c} \cdot I_{1\,pu} \tag{3.11}$$

また，単位法で表したインピーダンスは式(3.12)となる。

$$Z_{e\,pu} = \frac{Z_e}{Z_{1\,base}} \tag{3.12}$$

ただし

$$Z_{1\,base} = \frac{V_{1\,base}{}^2}{S_{base}} \tag{3.13}$$

である。

単位法で表した変圧器の等価回路を**図3.3**に示す。図3.2とほとんど同じであるが，図中の変数はすべて単位法による表現であり，巻数比が$a:1$から$c:1$に変更されていることに注意してほしい。もし$a=|b|$であれば，式(3.10)より明らかなように，図3.3から理想変圧器は削除することができる。しかし，実際の電力システムでは，$a \neq |b|$であるので理想変圧器を削除することができない。したがって，以下では回路理論の**2端子対回路**（two-terminal pair circuit）を用いて理想変圧器を削除することを考える。

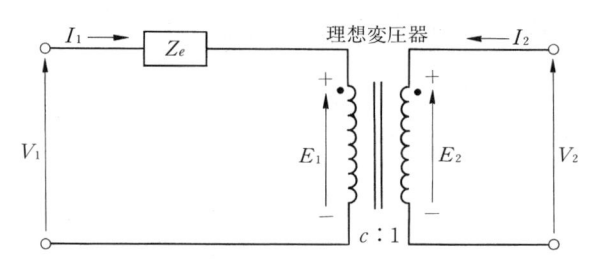

図3.3 変圧器の等価回路（単位法表示）

図3.3を参照すると，**駆動点アドミタンス**（driving point admittance）y_{ii}と**伝達アドミタンス**（transfer admittance）y_{ij}を用いると式(3.14)が得られる。

3.1 電力系統設備の表現

$$\begin{cases} I_1 = y_{11} V_1 + y_{12} V_2 \\ I_2 = y_{21} V_1 + y_{22} V_2 \end{cases} \tag{3.14}$$

ここで，図 3.3 を参照すると y パラメータは式(3.15)～(3.18)のように求められる。

$$y_{11} = \left. \frac{I_1}{V_1} \right|_{V_2=0} = \frac{1}{Z_e} = Y_e \tag{3.15}$$

$$y_{12} = \left. \frac{I_1}{V_2} \right|_{V_1=0} = \frac{-cV_2 Y_e}{V_2} = -c \cdot Y_e \tag{3.16}$$

$$y_{21} = \left. \frac{I_2}{V_1} \right|_{V_2=0} = \frac{-(V_1 Y_e)\bar{c}}{V_1} = -\bar{c} \cdot Y_e \tag{3.17}$$

$$y_{22} = \left. \frac{I_2}{V_2} \right|_{V_1=0} = \frac{(E_1 Y_e)\bar{c}}{E_1/c} = |c|^2 \cdot Y_e \tag{3.18}$$

したがって，$y_{12} \neq y_{21}$ であるので RLC 受動素子で等価回路を構成することはできないが，c が実数であれば（$c = |c|$）等価回路を構成することができる。

y パラメータを用いた一般的な π 形等価回路は**図 3.4**(a)のように表されるので，変圧器の等価回路は図(b)で表すことができる。

(a) 一般的な π 形等価回路

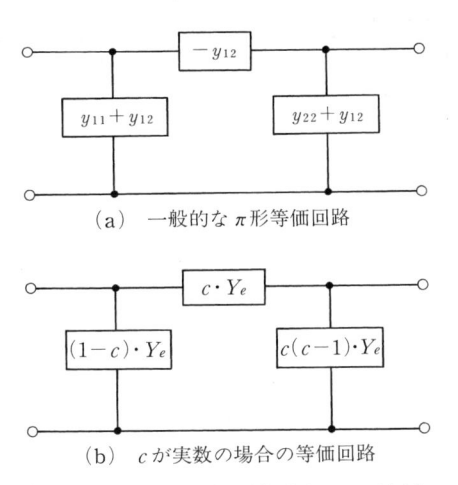

(b) c が実数の場合の等価回路

図 3.4 変圧器の等価回路（図 3.3 に対応）

もし，$c = 1$ であれば，並列要素が開放状態となり変圧器の等価回路は直列インピーダンス Z_e のみで表される。一方，$c \neq 1$ の場合には，一つの並列要

素が負になることに注意が必要である。また，変圧器のタップが105％とは，巻数比が公称値より5％大きい（$c = 1.05$）ことを意味している。

いままでの説明では，図3.3に示したように基準外巻線比変圧器を図の右側としていたが，左側にある場合も同様に等価回路を導くことができる。**図3.5**はそのような変圧器モデルと対応する等価回路をまとめて示したものである。

変圧器もブランチに対応させて表現され，送電線と同様に始端ノード，終端ノードを有する有向ブランチ表現が用いられる。

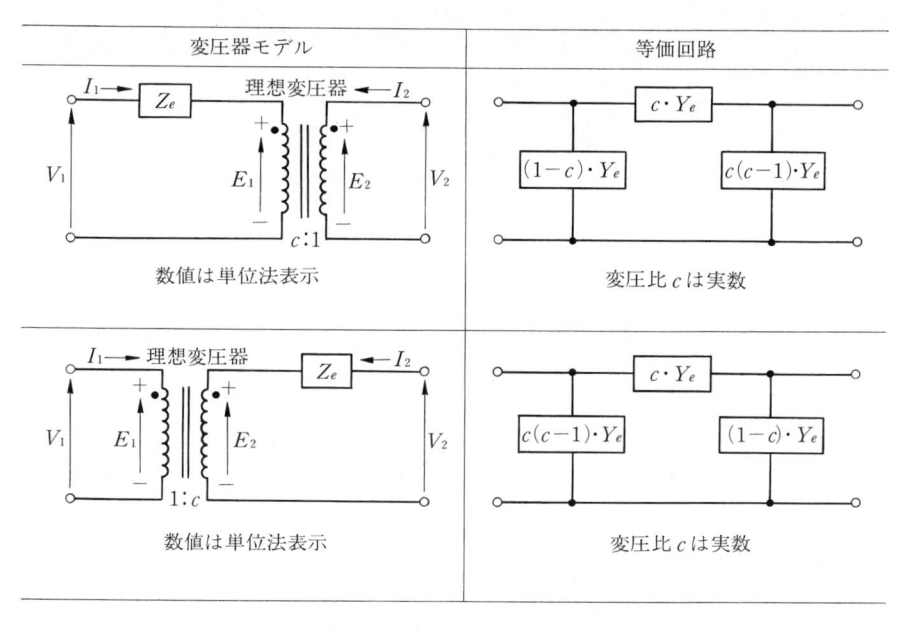

変圧器モデル	等価回路
$I_1 \rightarrow$ Z_e 理想変圧器 $\leftarrow I_2$ V_1 E_1 E_2 V_2 $c:1$ 数値は単位法表示	$c \cdot Y_e$ $(1-c) \cdot Y_e$ $\quad$ $c(c-1) \cdot Y_e$ 変圧比 c は実数
$I_1 \rightarrow$ 理想変圧器 Z_e $\leftarrow I_2$ V_1 E_1 E_2 V_2 $1:c$ 数値は単位法表示	$c \cdot Y_e$ $c(c-1) \cdot Y_e$ $\quad$ $(1-c) \cdot Y_e$ 変圧比 c は実数

図3.5 変圧器の等価回路

3.1.3 調相設備の表現

調相設備である**電力用並列コンデンサ**や**分路リアクトル**などは，図3.6に示すように母線に接続される。コンデンサは無効電力の供給のために，また，リアクトルは無効電力の吸収のためにそれぞれ用いられる。調相設備は母線に接続したアドミタンスで表現される。

3.2 ノード方程式

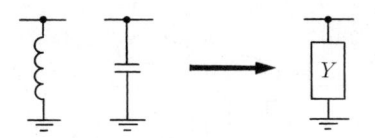

図 3.6 調相設備の表現

3.2 ノード方程式

3.2.1 簡単な電力システムのノード方程式

一般に，電力系統の解析には，母線に接続される送電線，変圧器，および調相設備を電気的にまとめた単相等価回路が用いられる。図 3.7 に示す簡単な系統で電力系統解析の基本になるノード方程式を求めることにする。

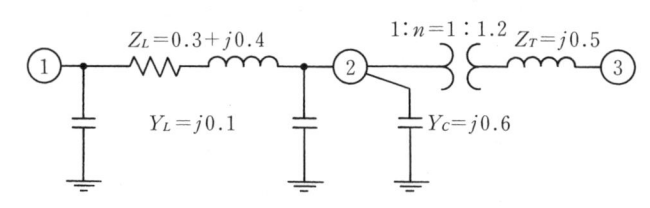

図 3.7 簡単な電力系統

この電力系統は，図 3.8（a）に示すようにアドミタンスで表現した等価回路で示される。同一ノードに接続するアドミタンスをまとめた結果が図（b）である。一般に，電力系統は図（b）に示すように電力系統は母線の対地アドミタンス y_{11}, y_{22}, y_{33} とノード間の直列アドミタンス y_{12}, y_{23} とで表される。

さて，図（b）の等価回路において，各ノードに現れる電圧 V_1, V_2, V_3 と，この電力系統に外部から注入される電流 I_1, I_2, I_3 との間には式(3.19)のような関係がある。

$$\begin{bmatrix} I_1 \\ I_2 \\ I_3 \end{bmatrix} = \begin{bmatrix} Y_{11} & Y_{12} & Y_{13} \\ Y_{21} & Y_{22} & Y_{23} \\ Y_{32} & Y_{32} & Y_{33} \end{bmatrix} \begin{bmatrix} V_1 \\ V_2 \\ V_3 \end{bmatrix} \tag{3.19}$$

34   3. 電力回路網方程式

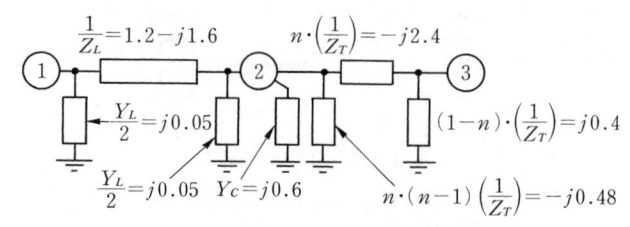

$\dfrac{1}{Z_L} = 1.2 - j1.6$ $n \cdot \left(\dfrac{1}{Z_T}\right) = -j2.4$

$\dfrac{Y_L}{2} = j0.05$

$\dfrac{Y_L}{2} = j0.05 \quad Y_C = j0.6$ $(1-n) \cdot \left(\dfrac{1}{Z_T}\right) = j0.4$

$n \cdot (n-1)\left(\dfrac{1}{Z_T}\right) = -j0.48$

（a） アドミタンス表示の等価回路

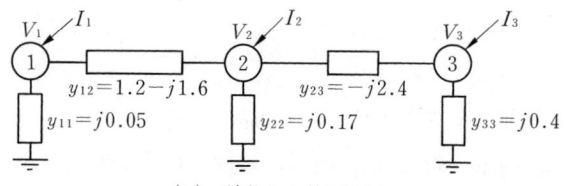

$y_{12} = 1.2 - j1.6$ $y_{23} = -j2.4$
$y_{11} = j0.05$ $y_{22} = j0.17$ $y_{33} = j0.4$

（b） 縮約した等価回路

図 3.8　簡単な電力系統（等価回路）

この係数行列を**ノードアドミタンス行列**（nodal admittance matrix）と呼び，通常"**Y 行列**"と略称され，電力系統解析において重要な行列となっている。

ここで，Y 行列の各要素を求めてみる。まず，対角要素の Y_{11} は式(3.19)より，$V_2 = V_3 = 0$ として $V_1 = 1.0\,[\text{pu}]$ を印加したときの電力系統に流れ込む電流で計算できる。

$$Y_{11} = \left(\dfrac{I_1}{V_1}\right)_{V_2=V_3=0} = y_{11} + y_{12} = 1.20 - j1.55$$

同様にして，対角要素 Y_{22} と Y_{33} も以下のように計算できる。

$$Y_{22} = \left(\dfrac{I_2}{V_2}\right)_{V_1=V_3=0} = y_{12} + y_{22} + y_{23} = 1.20 - j3.83$$

$$Y_{33} = \left(\dfrac{I_3}{V_3}\right)_{V_1=V_2=0} = y_{23} + y_{33} = -j2.00$$

図 3.9 はその様子を示したものである。

すなわち，「Y 行列の対角要素 Y_{kk} は，ノード k に接続されているすべてのブランチのアドミタンスの合計で与えられる」ことになる。また，Y_{kk} はノード k の駆動点アドミタンスとも呼ばれている。

$$Y_{11} = \left(\frac{I_1}{V_1}\right)_{V_2=V_3=0} = y_{11} + y_{12} = 1.20 - j1.55$$

$$Y_{22} = \left(\frac{I_2}{V_2}\right)_{V_1=V_3=0} = y_{12} + y_{22} + y_{23} = 1.20 - j3.83$$

$$Y_{33} = \left(\frac{I_3}{V_3}\right)_{V_1=V_2=0} = y_{23} + y_{33} = -j2.00$$

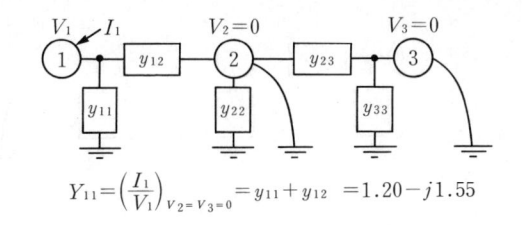

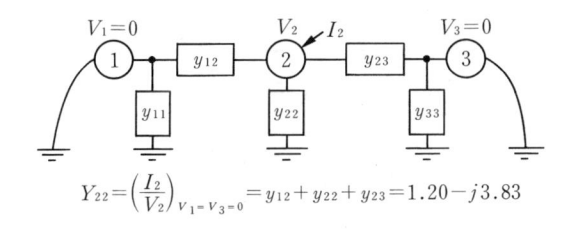

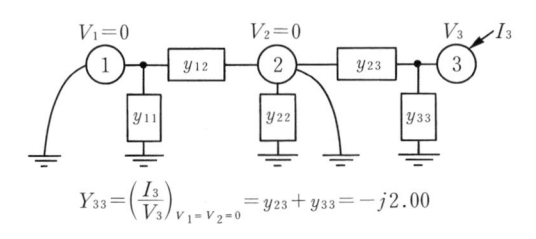

図 3.9　Y 行列の対角要素の計算

　つぎに，非対角要素の Y_{12} は式(3.19)より，$V_1 = V_3 = 0$ として $V_2 = 1.0$ [pu] を印加したときの電力系統に流れ込む電流で計算できる．

$$Y_{12} = \left(\frac{I_1}{V_2}\right)_{V_1=V_3=0} = -y_{12}$$

また，Y 行列の Y_{12} と対称な要素 Y_{21} は，$V_2 = V_3 = 0$ として $V_1 = 1.0$ [pu] を印加したときの電力系統に流れ込む電流で計算できるが，以下のように上述の Y_{12} と同じ結果になる．

$$Y_{21} = \left(\frac{I_2}{V_1}\right)_{V_2=V_3=0} = -y_{12}$$

この性質は，電力系統の Y 行列の対称な非対角要素間で一般に成立する関係である．図 3.10 はその様子を示したものである．

$$Y_{12} = \left(\frac{I_1}{V_2}\right)_{V_1 = V_3 = 0} = -y_{12}$$

$$Y_{21} = \left(\frac{I_2}{V_1}\right)_{V_2 = V_3 = 0} = -y_{12}$$

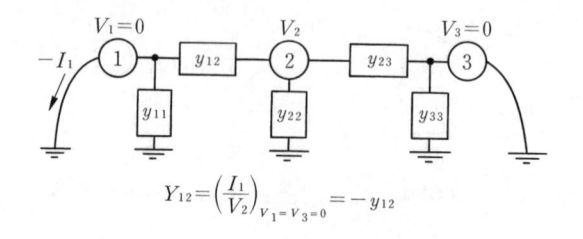

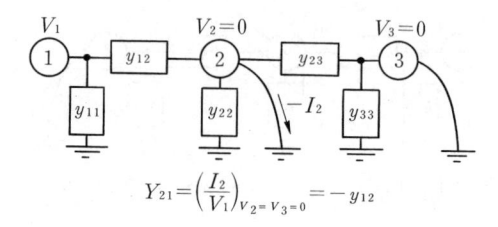

図 3.10　Y 行列の非対角要素の計算

同様にして，非対角要素 $Y_{13}(= Y_{31})$ と $Y_{23}(= Y_{32})$ も計算できる．

$$Y_{13} = Y_{31} = -y_{13} = 0.0$$

$$Y_{23} = Y_{32} = -y_{23} = j2.40$$

すなわち，「Y 行列の非対角要素 Y_{ij} は，ノード i とノード j を接続しているブランチのアドミタンス y_{ij} に負号をつけたもので与えられる」ことになる．また，Y_{ij} はノード i, j 間の伝達アドミタンスと呼ばれている．

以上ですべての Y 行列の要素が計算できたので，図 3.7 のノード方程式は式 (3.20) で表される．

$$\begin{bmatrix} I_1 \\ I_2 \\ I_3 \end{bmatrix} = \begin{bmatrix} 1.20 - j1.55 & -1.20 + j1.60 & 0.0 \\ -1.20 + j1.60 & 1.20 - j3.83 & j2.4 \\ 0.0 & j2.4 & -j2.00 \end{bmatrix} \begin{bmatrix} V_1 \\ V_2 \\ V_3 \end{bmatrix} \quad (3.20)$$

3.2.2　一般的な電力システムのノード方程式

ノード数が n である一般的な電力系統のノード方程式は，前述の簡単な電力系統での取り扱いを拡張して容易に得られる．図 3.11 は，電力系統の発電機端子と負荷端子（調相設備も負荷として扱う）の対応するノードを引き出

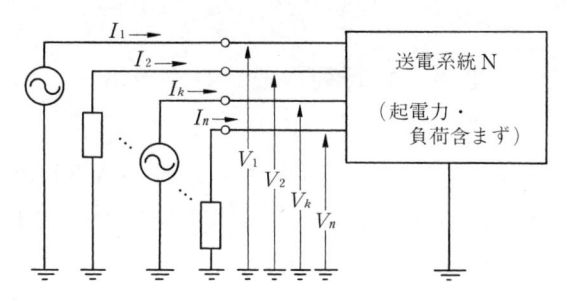

図3.11 一般的な電力システム

し，残りの電力系統を一括して送電系統Nで表したものである。

引き出された端子は任意に1, 2, …, nのノード番号が付されているものとし，その対地電圧をV_1, V_2, …, V_nとする。また，各端子から回路Nに流入する電流をノード番号に対応してI_1, I_2, …, I_nとすれば，ノード方程式は式(3.21)で与えられる。

$$\begin{bmatrix} I_1 \\ I_2 \\ \vdots \\ I_k \\ \vdots \\ I_n \end{bmatrix} = \begin{bmatrix} Y_{11} & Y_{12} & \cdots & Y_{1k} & \cdots & Y_{1n} \\ Y_{21} & Y_{22} & \cdots & Y_{2k} & \cdots & Y_{2n} \\ \vdots & \vdots & \ddots & \vdots & \vdots & \vdots \\ Y_{k1} & Y_{k2} & \cdots & Y_{kk} & \cdots & Y_{kn} \\ \vdots & \vdots & \vdots & \vdots & \ddots & \vdots \\ Y_{n1} & Y_{n2} & \cdots & Y_{nk} & \cdots & Y_{nn} \end{bmatrix} \begin{bmatrix} V_1 \\ V_2 \\ \vdots \\ V_k \\ \vdots \\ V_n \end{bmatrix} \quad (3.21)$$

ここで，Y行列の要素は式(3.22), (3.23)で計算できる。

対角要素： $Y_{kk} = \sum_{i=1}^{n} y_{ki}$ 　　$(k = 1, 2, …, n)$ 　　(3.22)

非対角要素： $Y_{ij} = Y_{ji} = -y_{ij}$ 　　$(i \neq j)$ 　　(3.23)

したがって，式(3.21)からノードkの注入電流は式(3.24)のように表される。

$$I_k = \sum_{m=1}^{n} Y_{km} V_m \quad (k = 1, 2, …, n) \quad (3.24)$$

3.3 Y行列作成プログラム

Y行列を作成するプログラムを以下に示す．言語はMATLABで記述してあるが，簡単な言語であるためプログラミングの知識がなくても，その内容は容易に理解できるであろう．なお，MATLABのプログラムは，通常M-ファイルと呼ばれ，そのファイル拡張子は .m となっている．

まず，電力システムの入力データとして，busdataとlinedataを以下のように定義する．

① busdata：母線データ

BUS	母線番号
TYPE	0：スラックノード，1：発電ノード，2：負荷ノード
VOLT	電圧の大きさ 〔pu〕
DEG	電圧の位相角 〔rad〕
PG	有効発電電力 〔pu〕
QG	無効発電電力 〔pu〕
PL	有効負荷電力 〔pu〕
QL	無効負荷電力 〔pu〕
QMIN	発電機最小無効電力 〔pu〕
QMAX	発電機最大無効電力 〔pu〕
SC	調相設備容量　＋：容量性　－：誘導性 〔pu〕

② linedata：ブランチデータ

NF	始端ノード番号
NT	終端ノード番号
R	抵抗 〔pu〕
X	リアクタンス 〔pu〕
BC	送電線静電容量の半分 〔pu〕
TAP	変圧比

FIX　　　タップ側指定　0：送電線　1：始端側固定　2：終端側固定

③　Y行列作成プログラム（ymat.m）

3.2節で説明した方法を用いてY行列を作成するプログラム（M-ファイル）を以下に示す．この関数は，linedataとbusdataの二つの入力引数を用いてY行列を計算し，その結果を行列Ybusに戻すように作成されている．

```
%-----------------------------------
%ymat.m:Y-Matrix(Bus Admittance Matrix)
%-----------------------------------
function[Ybus]=ymat(linedata,busdata)
%-----------------------------------
j=sqrt(-1);
NF=linedata(:,1);
NT=linedata(:,2);
R =linedata(:,3);
X =linedata(:,4);
BC=j*linedata(:,5);
TAP=linedata(:,6);
FIX=linedata(:,7);

SC=j*busdata(:,11);

nbr =length(linedata(:,1));      %#of branches
nbus=max(max(NF),max(NT));       %#of buses

Z=R+j*X;
y=ones(nbr,1)./Z;      %branch admittance
Ybus=zeros(nbus,nbus);

for k=1:nbr
    if TAP(k)<=0 TAP(k)=1;end
end

for k=1:nbr      %formation of the off diagonal elements
    Ybus(NF(k),NT(k))=Ybus(NF(k),NT(k))-y(k)*TAP(k);
    Ybus(NT(k),NF(k))=Ybus(NF(k),NT(k));
end

for n=1:nbus      %formation of the diagonal elements
    Ybus(n,n)=Ybus(n,n)+SC(n);
    for k=1:nbr
        if(FIX(k)==0|FIX(k)==1),
```

```
                    if NF(k)==n
                        Ybus(n,n)=Ybus(n,n)+y(k)*(TAP(k)^2)+BC(k);
                    elseif NT(k)==n
                        Ybus(n,n)=Ybus(n,n)+y(k)+BC(k);
                    else,end
                elseif FIX(k)==2
                    if NF(k)==n
                        Ybus(n,n)=Ybus(n,n)+y(k)+BC(k)+SC(n);
                    elseif NT(k)==n
                        Ybus(n,n)=Ybus(n,n)+y(k)*(TAP(k)^2);
                    else,end
                else,end
            end
end
%(End of ymat.m)
```

④ テストプログラム (chap3.m)

Y行列作成プログラムの動作確認のために，図3.7に示した簡単な3ノード系統のY行列を求めることにする。そのテストプログラムを以下に示す。

```
%----------------------------------------------------
%chap3.m:Test for Bus Admittance Matrix Program(ymat.m)
%----------------------------------------------------
%         NF   NT    R     X     BC   TAP   FIX
linedata=[1    2    0.3   0.4   0.05  1     0
          2    3    0.0   0.5   0.0   1.2   1]
%         BUS  TYPE VOLT  DEG   PG    QG   PR   QR   QMIN  QMAX  SC
busdata =[1    0    1.0   0.0   0.0   0.0  0.0  0.0  0.0   0.0   0.0
          2    2    1.0   0.0   0.0   0.0  0.0  0.0  0.0   0.0   0.6
          3    1    1.0   0.0   0.0   0.0  0.0  0.0  0.0   0.0   0.0]
[Ybus]=ymat(linedata,busdata);  %Formation of Y-Matrix

disp('-----Bus Admittance Matrix(ybus.m):  -----');
disp(Ybus);
%(End of chap3.m)
```

⑤ 結果

```
------Bus Admittance Matrix(ybus.m):  ------
   1.2000-1.5500i   -1.2000+1.6000i        0
  -1.2000+1.6000i    1.2000-3.8300i        0+2.4000i
        0                 0+2.4000i        0-2.0000i
```

この結果は，式(3.20)の結果と一致している。

演 習 問 題

3.1 図 3.12 のような電力システムについて Y 行列を求めよ。

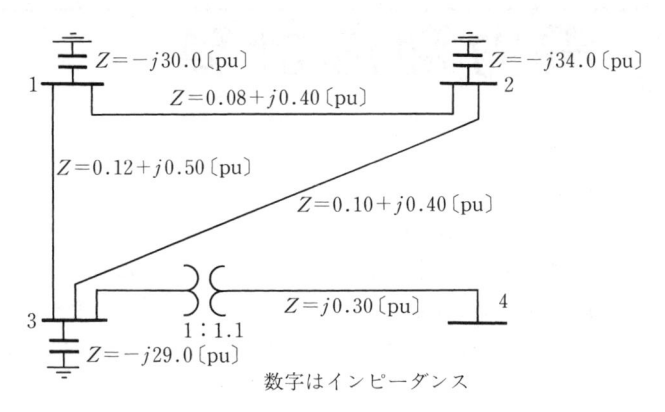

```
        Z=-j30.0〔pu〕              Z=-j34.0〔pu〕
     1 ─┬──────────────────────────────┬─ 2
        │      Z=0.08+j0.40〔pu〕      │
        │                              │
        │                              │
     Z=0.12+j0.50〔pu〕                │
        │        Z=0.10+j0.40〔pu〕   │
        │                              │
        │      ┬┬                      │
        │      }}   Z=j0.30〔pu〕     │
     3 ─┴──────┴┴──────────────────────┴─ 4
        │      1:1.1
     Z=-j29.0〔pu〕
                    数字はインピーダンス
```

図 3.12　モ デ ル 系 統

3.2 Y 行列を計算するコンピュータプログラムを C または FORTRAN 言語を用いて記述し，その動作を確認せよ。

4 電力潮流計算

電力潮流計算（load flow calculation）は，電力の計画・運用の実務において使用される電力系統の解析手法の中で中心的な役割を果たしているものである。電力潮流計算には，電圧の大きさ，位相差，**有効電力**（active power），**無効電力**（reactive power）および送電損失などのすべての緒量を求めることのできる**厳密潮流計算**と，有効電力のみを求める**簡略計算**がある。

4.1 電 力 方 程 式

4.1.1 電力方程式の考え方

一般に，電圧 V_i のノードに外部から電流 I_i が注入されている場合，これを**複素電力**（complex power）に換算すると，電圧ベクトルと電流の共役ベクトルとの積として式(4.1)のように与えられる。複素電力は**ベクトル電力**（vector power）とも呼ばれる。

$$W_i = P_i + jQ_i = V_i \cdot \bar{I}_i \tag{4.1}$$

ここで，$\bar{I}_i$ は電流 I_i の共役ベクトルを表す。

式(3.24)を用いると式(4.1)は式(4.2)のように表され，**電力方程式**（power equation）と呼ばれる。

$$W_i = P_i + jQ_i = \sum_{j=1}^{N} V_i \cdot \bar{Y}_{ij} \cdot \bar{V}_j \quad (i = 1, 2, \cdots, N) \tag{4.2}$$

したがって，有効電力と無効電力は式(4.3)，(4.4)で与えられる。

$$P_i = \mathrm{Re}\Bigl(\sum_{j=1}^{N} \bar{V}_i \cdot \bar{Y}_{ij} \cdot \bar{V}_j\Bigr) \tag{4.3}$$

$$Q_i = \mathrm{Im}\Bigl(\sum_{j=1}^{N} \bar{V}_i \cdot \bar{Y}_{ij} \cdot \bar{V}_j\Bigr) \tag{4.4}$$

ここで，Re と Im はそれぞれ実部，虚部を取り出す演算子である．

式(4.2)は，ノード i においてこの複素電力 W_i が外部から注入されていることを意味している．電力潮流計算とは，これらの P_i，Q_i を既知量として，V_i を求める計算であり，数学的には式(4.2)〜(4.4)を基本とする非線形連立方程式を解くことである．

電力系統では，**発電機母線**（発電機ノード）では有効電力 P と端子電圧 V の大きさが既知量であり，**負荷母線**（負荷ノード）ではその有効電力 P と無効電力 Q が既知量であるという特徴がある．電力潮流計算の目的は，この既知量をもとに電力系統内の未知の電気量を算出することである．これらノードの種別に依存する既知量と未知量の関係を**表4.1**に示す．

表4.1 電力潮流計算における既知量と未知量

	既 知 量	未 知 量
発電機母線	有効電力 P 母線の電圧の大きさ V	無効電力 Q 母線の電圧の位相角 δ
負荷母線	有効電力 P 無効電力 Q	母線の電圧の大きさ V 母線の電圧の位相角 δ
送電系統	送電線路と機器の接続状態と定数	送電系統内の母線電圧の大きさと位相角 (V, δ)，および線路・機器を流れる有効・無効電力潮流 (P, Q)

表に示したノードの既知量に着目して，発電機母線を **P-V ノード**（P-V specified nodes），負荷母線を **P-Q ノード**（P-Q specified nodes）と呼んでいる．

ところで，発電機母線，負荷母線ともに有効電力が指定されるが，送電損失が未知であるので，発電機ノード，負荷ノードのうち少なくとも一つのノードについては，有効電力の値を指定することはできない．この損失分を調整する

ために特別に有効電力を指定しないノードを**スラック母線**(slack bus, swing bus) としている。また，電力系統内の各ノードの電圧の大きさと位相角を決定するために，基準となる一つのノードを**基準ノード**(reference node) として決める必要がある。実際の電力潮流計算では，このスラック母線と基準ノードを同一なノードとして扱っている。

さて，ノードの種別に伴う指定値（P-V 指定・P-Q 指定）を考慮すると，式(4.3)，(4.4)は P-V ノード l については式(4.5)，(4.6)となる。

$$P_i^s = \mathrm{Re}\left(\sum_{m=1}^{N} V_l \cdot \bar{Y}_{lm} \cdot \bar{V}_m\right) \tag{4.5}$$

$$V_l^s = |V_l| \tag{4.6}$$

ここで，P_i^s，V_i^s はそれぞれノードの有効電力指定値，電圧の大きさの指定値であり既知量である。

一方，P-Q ノード i については式(4.7)，(4.8)となる。

$$P_i^s = \mathrm{Re}\left(\sum_{j=1}^{N} V_i \cdot \bar{Y}_{ij} \cdot \bar{V}_j\right) \tag{4.7}$$

$$Q_i^s = \mathrm{Im}\left(\sum_{j=1}^{N} V_i \cdot \bar{Y}_{ij} \cdot \bar{V}_j\right) \tag{4.8}$$

4.1.2 電力方程式の極座標表示

さて，電力方程式(4.2)において電圧や Y 行列の要素は複素数であるから，これを扱いやすい形式に変換することを考える。複素数を実部と虚部に分ける方法には**直角座標表示**(rectangular form) と**極座標表示**(polar form) がある。以降の説明では極座標表示を用いるが，直交座標表示を用いても同様である。

$$V_i = |V_i| \angle \delta_i \tag{4.9}$$

$$Y_{ij} = |Y_{ij}| \angle \theta_{ij} \tag{4.10}$$

$$\begin{aligned}P_i + jQ_i &= \sum_{j=1}^{N} V_i \cdot \bar{Y}_{ij} \cdot \bar{V}_j \\ &= \sum_{j=1}^{N} |V_i| \angle \delta_i \cdot |Y_{ij}| \angle (-\theta_{ij}) \cdot |V_j| \angle (-\delta_j)\end{aligned}$$

$$= \sum_{j=1}^{N} |V_i\|V_j\|Y_{ij}| \angle (\delta_i - \delta_j - \theta_{ij})$$

$$(i = 1, 2, \cdots, N) \tag{4.11}$$

したがって，有効電力と無効電力は式(4.12)のように表される．

$$\left.\begin{aligned} P_i &= |V_i|\sum_{j=1}^{N}|V_j\|Y_{ij}|\cos(\delta_i - \delta_j - \theta_{ij}) \\ Q_i &= |V_i|\sum_{j=1}^{N}|V_j\|Y_{ij}|\sin(\delta_i - \delta_j - \theta_{ij}) \end{aligned}\right\} \tag{4.12}$$

例題 4.1 図 3.7 の簡単な電力システムの極座標表示の電力方程式を作れ．ただし，ノードの指定条件を**表 4.2** に示す．

表 4.2 指 定 条 件

ノード	指定条件	P	Q	$|V|$	δ
1	基準ノード	—	—	1.0	0.0
2	P-Q指定	0.20	-0.20	—	—
3	P-V指定	-0.35	—	1.1	—

【**解答**】 表 4.2 の指定条件を加えた計算対象の回路を**図 4.1** に示す．

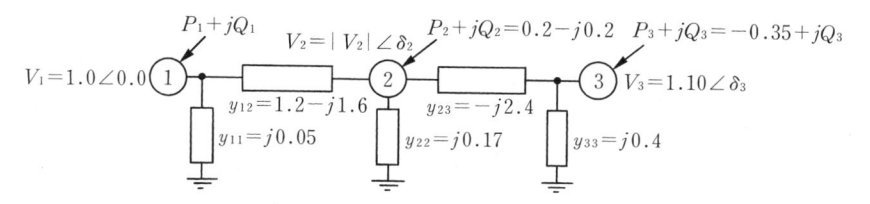

図 4.1 簡単な電力システム（指定条件を追加）

電力方程式は，式(4.2)のようにノード電圧に関する非線形連立方程式となる．本例題の電力方程式を求めると式(4.13)のようになる．

$$\begin{cases} P_1 + jQ_1 = V_1 \cdot \overline{Y}_{11} \cdot \overline{V}_1 + V_1 \cdot \overline{Y}_{12} \cdot \overline{V}_2 \\ P_2 + jQ_2 = V_2 \cdot \overline{Y}_{21} \cdot \overline{V}_1 + V_2 \cdot \overline{Y}_{22} \cdot \overline{V}_2 + V_2 \cdot \overline{Y}_{23} \cdot \overline{V}_3 \\ P_3 + jQ_3 = V_3 \cdot \overline{Y}_{32} \cdot \overline{V}_2 + V_3 \cdot \overline{Y}_{33} \cdot \overline{V}_3 \end{cases} \tag{4.13}$$

ここで，ノード1は送電における有効電力の損失を負担させるスラックノードであり，電力系統に注入される有効電力と無効電力とはいずれも自由な値として考える．また，同ノードは基準ノードとして電圧の大きさと位相角を $1.0 \angle 0.0$ に指定

する。このことにより，ほかのノードとは基準ノードに対する電圧の大きさと位相角が決定できる。一方，ノード 2 は P-Q 指定ノードであり，ノード 3 は P-V 指定ノードと指定されている。

さて，電力方程式(4.13)を式(4.12)を用いて極座標表示で示すと式(4.14)のようになる。

$$\left.\begin{aligned}
P_1 &= |V_1|^2 |Y_{11}| \cos(-\theta_{11}) + |V_1||V_2||Y_{12}| \cos(\delta_1 - \delta_2 - \theta_{12}) \\
P_2 &= |V_2||V_1||Y_{21}| \cos(\delta_2 - \delta_1 - \theta_{21}) + |V_2|^2 |Y_{22}| \cos(-\theta_{22}) \\
    &\quad + |V_2||V_3||Y_{23}| \cos(\delta_2 - \delta_3 - \theta_{23}) \\
P_3 &= |V_3||V_2||Y_{32}| \cos(\delta_3 - \delta_2 - \theta_{32}) + |V_3|^2 |Y_{33}| \cos(-\theta_{33}) \\
Q_1 &= |V_1|^2 |Y_{11}| \sin(-\theta_{11}) + |V_1||V_2||Y_{12}| \sin(\delta_1 - \delta_2 - \theta_{12}) \\
Q_2 &= |V_2||V_1||Y_{21}| \sin(\delta_2 - \delta_1 - \theta_{21}) + |V_2|^2 Y_{22} |\sin(-\theta_{22}) \\
    &\quad + |V_2||V_3||Y_{23}| \sin(\delta_2 - \delta_3 - \theta_{23}) \\
Q_3 &= |V_3||V_2||Y_{32}| \sin(\delta_3 - \delta_2 - \theta_{32}) + |V_3|^2 |Y_{33}| \sin(-\theta_{33})
\end{aligned}\right\} \quad (4.14)$$

ここで，直角座標表示の Y 行列はすでに式(3.20)で与えられているので，それを極座標表示に変換する。

$$Y = \begin{bmatrix} 1.20 - j1.55 & -1.20 + j1.60 & 0.0 \\ -1.20 + j1.60 & 1.20 - j3.83 & j2.4 \\ 0.0 & j2.4 & -j2.00 \end{bmatrix}$$

$$= \begin{bmatrix} 1.9602 \angle -0.9120 & 2.0000 \angle 2.2143 & 0.0000 \angle 0.0000 \\ 2.0000 \angle 2.2143 & 4.0136 \angle -1.2672 & 2.4000 \angle 1.5708 \\ 0.0000 \angle 0.0000 & 2.4000 \angle 1.5708 & 2.0000 \angle -1.5708 \end{bmatrix}$$

この Y 行列の要素の値を考慮すると，電力方程式は以下のように表される。

$$P_1 = 1.20|V_1|^2 + |V_1||V_2|\{-1.20 \cos(\delta_1 - \delta_2) + 1.60 \sin(\delta_1 - \delta_2)\}$$
$$P_2 = |V_2||V_1|\{-1.20 \cos(\delta_2 - \delta_1) + 1.60 \sin(\delta_2 - \delta_1)\} + 1.20|V_2|^2$$
$$\quad + |V_2||V_3|\{2.40 \sin(\delta_2 - \delta_3)\}$$
$$P_3 = |V_3||V_2|\{2.40 \sin(\delta_3 - \delta_2)\}$$
$$Q_1 = 1.55|V_1|^2 + |V_1||V_2|\{-1.60 \cos(\delta_1 - \delta_2) - 1.20 \sin(\delta_1 - \delta_2)\}$$
$$Q_2 = |V_2||V_1|\{-1.60 \cos(\delta_2 - \delta_1) - 1.20 \sin(\delta_2 - \delta_1)\} + 3.83|V_2|^2$$
$$\quad + |V_2||V_3|\{-2.40 \cos(\delta_2 - \delta_3)\}$$
$$Q_3 = |V_3||V_2|\{-2.40 \cos(\delta_3 - \delta_2)\} + 2.00|V_3|^2$$

さらに，各ノードの指定条件を考慮して，上述の電力方程式を書き換えてみる。指定条件は，表 4.2 に示されているように以下である。

　　ノード 1（スラックノード）　　：$|V_1| = 1.00$, $\delta_1 = 0.0$
　　ノード 2（P-Q 指定ノード）　：$P_2 = 0.20$, $Q_2 = -0.20$

ノード 3 (P-V 指定ノード) ： $P_3 = -0.35$, $|V_3| = 1.10$

したがって，指定条件を代入すると式(4.15)のように表される．

$$\left.\begin{aligned}
P_1 &= 1.20 - 2.00\,|V_2|\sin(\delta_2 + 0.644) \\
0.20 &= 2.00\,|V_2|\sin(\delta_2 - 0.644) + 1.20\,|V_2|^2 \\
&\quad + 2.64\,|V_2|\sin(\delta_2 - \delta_3) - 0.35 \\
-0.35 &= 2.64\,|V_2|\sin(\delta_3 - \delta_2) \\
Q_1 &= 1.55 - 2.00\,|V_2|\cos(\delta_2 + 0.644) \\
-0.20 &= -2.00\,|V_2|\sin(\delta_2 - 0.644) + 3.83\,|V_2|^2 \\
&\quad - 2.64\,|V_2|\cos(\delta_2 - \delta_3) \\
Q_3 &= -2.64\,|V_2|\cos(\delta_3 - \delta_2) + 2.42
\end{aligned}\right\} \quad (4.15)$$

式(4.15)が，極座標表示で表した簡単な 3 ノード系統の電力方程式である．式(4.15)の未知数は P_1, Q_1, $|V_2|$, δ_2, Q_3, δ_3 の六つであり，連立した方程式の数も六つあることがわかる．この連立方程式は電圧に関して 2 次で，かつ三角関数も含む非線形連立方程式になっている．

4.2 非線形方程式の解法

電力系統の電気的状態を表現する電力方程式は，上記で述べたように高次元連立非線形方程式である．電力潮流計算とは，この電力方程式を数値計算で解くことである．一般に，このような高次元連立非線形方程式の解法には，**ニュートン・ラフソン法**（Newton Raphson method，NR 法）が用いられている．電力系統解析の**厳密潮流計算**とは，電力方程式を NR 法で求めることを言う場合が多い．

まず，一つの変数 x からなる滑らかな関数 $f(x)$ が与えられたとする．

$$f(x) = 0 \tag{4.16}$$

NR 法は，**図 4.2** に示すように，初期解 $x^{(0)}$ を仮定して曲線の接線をもとに逐次的に解を求めていく手法である．図で $x^{(0)}$ を出発点として，反復計算のステップ k における解を $x^{(k)}$，誤差（ステップ $(k+1)$ における解 $x^{(k+1)}$ の算出に用いられる修正量に対応）を $\varDelta x^{(k)}$ とすれば式(4.17)が成立する．

$$f(x^{(k)} + \varDelta x^{(k)}) = 0 \tag{4.17}$$

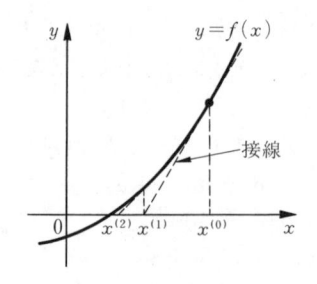

図 4.2 NR 法の説明

式(4.17)を $x^{(k)}$ の回りで x について**テイラー級数展開**（Taylor's series expansion）すれば式(4.18)が得られる。

$$f(x^{(k)} + \Delta x^{(k)}) = f(x^{(k)}) + f'(x^{(k)})\Delta x^{(k)} + \frac{f''(x^{(k)})}{2!}(\Delta x^{(k)})^2 + \cdots = 0 \tag{4.18}$$

ここで，$(\Delta x^{(k)})^2$ 以降を無視して $\Delta x^{(k)}$ を求めると式(4.19)となる。

$$\Delta x^{(k)} \approx -\frac{f(x^{(k)})}{f'(x^{(k)})} \tag{4.19}$$

したがって，k を反復回数とすると反復ステップ $(k+1)$ の解は，式(4.20)のように与えられる。

$$x^{(k+1)} = x^{(k)} + \Delta x^{(k)} = x^{(k)} - \frac{f(x^{(k)})}{f'(x^{(k)})} \quad (k = 0, 1, 2, \cdots) \tag{4.20}$$

ただし，$f'(x^{(k)}) \neq 0$ とする。

NR 法とは，適当な解の近似値 $x^{(0)}$ から出発して，式(4.20)により反復計算し，$x^{(k+1)}$ が適当な収束判定条件（例えば，解の修正量 Δx が収束判定精度 ε よりも小さくなったか否か：$\Delta x < \varepsilon$）を満足すれば，この $x^{(k+1)}$ を非線形方程式(4.16)の解とする計算手法である。

例題 4.2 以下の方程式の解を NR 法で求めよ。ただし，初期値を $x^{(0)} = 0$ とし，収束判定精度を $\varepsilon = 0.001$，x をラジアンとする。

$$f(x) = x - 2 + \sin x$$

【解答】 NR 法における解の更新式は次式で示される。

$$x^{(k+1)} = x^{(k)} + \Delta x^{(k)} = x^{(k)} - \frac{f(x^{(k)})}{f'(x^{(k)})}$$

ここで，$f'(x)$ を計算すると次式が得られる．

$$f'(x) = \frac{df(x)}{dx} = 1 + \cos x$$

したがって，その計算過程は**表 4.3** のようになる．本例題では，3 回の反復計算で収束判定条件 ($\Delta x < \varepsilon$) を満足していることがわかる．

表 4.3

k	$x^{(k)}$	$f(x^{(k)})$	$f'(x^{(k)})$	$\Delta x^{(k)} = -\dfrac{f(x^{(k)})}{f'(x^{(k)})}$
0	0.000 0	$-2.000\ 0$	2.000 0	1.000 0
1	1.000 0	$-0.158\ 5$	1.540 3	0.102 9
2	1.102 9	$-0.004\ 6$	1.451 0	0.003 1
3	1.106 1	$-0.000\ 004\ 4$	1.448 2	0.000 003

さて，上述の一変数の場合の考え方を拡張すれば，n 個の変数 x_1, x_2, $\cdots$, x_n からなる n 個の連立方程式を解くことができる．

$$\left.\begin{aligned} f_1(x_1, x_2, \cdots, x_n) &= 0 \\ f_2(x_1, x_2, \cdots, x_n) &= 0 \\ &\vdots \\ f_n(x_1, x_2, \cdots, x_n) &= 0 \end{aligned}\right\} \quad (4.21)$$

式 (4.21) において，まず，第一番目の方程式に着目する．反復ステップ k における近似解を $x_1^{(k)}$, $x_2^{(k)}$, $\cdots$, $x_n^{(k)}$ とし，修正量を $\Delta x_1^{(k)}$, $\Delta x_2^{(k)}$, $\cdots$, $\Delta x_n^{(k)}$ とすれば式 (4.22) が成立する．

$$f_1(x_1^{(k)} + \Delta x_1^{(k)}, x_2^{(k)} + \Delta x_2^{(k)}, \cdots, x_n^{(k)} + \Delta x_n^{(k)}) = 0 \quad (4.22)$$

多変数関数のテイラー級数展開式を用いて第一次近似まで採用すれば，式 (4.23) のようになる．

$$\begin{aligned} &f_1(x_1^{(k)} + \Delta x_1^{(k)}, x_2^{(k)} + \Delta x_2^{(k)}, \cdots, x_n^{(k)} + \Delta x_n^{(k)}) \\ &= f_1(x_1^{(k)}, x_2^{(k)}, \cdots, x_n^{(k)}) + \frac{\partial f_1}{\partial x_1} \Delta x_1^{(k)} + \cdots + \frac{\partial f_1}{\partial x_n} \Delta x_n^{(k)} = 0 \end{aligned}$$
$$(4.23)$$

式(4.23)の第 n 番目の方程式についても同様に式(4.24)が得られる。

$$f_n(x_1^{(k)} + \Delta x_1^{(k)},\ x_2^{(k)} + \Delta x_2^{(k)},\ \cdots,\ x_n^{(k)} + \Delta x_n^{(k)})$$

$$= f_n(x_1^{(k)},\ x_2^{(k)},\ \cdots,\ x_n^{(k)}) + \frac{\partial f_n}{\partial x_1}\Delta x_1^{(k)} + \cdots + \frac{\partial f_n}{\partial x_n}\Delta x_n^{(k)} = 0$$

(4.24)

したがって，n 個の連立方程式に対して式(4.25)の関係が得られる。

$$\begin{bmatrix} f_1(x_1^{(k)},\ x_2^{(k)},\ \cdots,\ x_n^{(k)}) \\ f_2(x_1^{(k)},\ x_2^{(k)},\ \cdots,\ x_n^{(k)}) \\ \vdots \\ f_n(x_1^{(k)},\ x_2^{(k)},\ \cdots,\ x_n^{(k)}) \end{bmatrix} = - \begin{bmatrix} \frac{\partial f_1}{\partial x_1} & \frac{\partial f_1}{\partial x_2} & \cdots & \frac{\partial f_1}{\partial x_n} \\ \frac{\partial f_2}{\partial x_1} & \frac{\partial f_2}{\partial x_n} & \cdots & \frac{\partial f_2}{\partial x_n} \\ \vdots & \vdots & \ddots & \vdots \\ \frac{\partial f_n}{\partial x_1} & \frac{\partial f_n}{\partial x_2} & \cdots & \frac{\partial f_n}{\partial x_n} \end{bmatrix}_{(k)} \begin{bmatrix} \Delta x_1^{(k)} \\ \Delta x_2^{(k)} \\ \vdots \\ \Delta x_n^{(k)} \end{bmatrix}$$

(4.25)

ここで，右辺の正方行列は**ヤコビ行列**（Jacobian matrix）$J(x)$ と呼ばれる。ヤコビ行列はヤコビアンとも呼ばれることも多い。この要素 $\partial f_i/\partial x_j$ は，それぞれ $x_1^{(k)},\ x_2^{(k)},\ \cdots,\ x_n^{(k)}$ における値であることに注意が必要である。

式(4.25)を形式的に記述すれば，式(4.26)のようになる。

$$F(x^{(k)}) = - J(x^{(k)}) \cdot \Delta x^{(k)} \tag{4.26}$$

ここで

$$J(x) = \begin{bmatrix} \frac{\partial f_1}{\partial x_1} & \frac{\partial f_1}{\partial x_2} & \cdots & \frac{\partial f_1}{\partial x_n} \\ \frac{\partial f_2}{\partial x_1} & \frac{\partial f_2}{\partial x_2} & \cdots & \frac{\partial f_2}{\partial x_n} \\ \vdots & \vdots & \ddots & \vdots \\ \frac{\partial f_n}{\partial x_1} & \frac{\partial f_n}{\partial x_2} & \cdots & \frac{\partial f_n}{\partial x_n} \end{bmatrix} \tag{4.27}$$

したがって，式(4.26)より修正量 $\Delta x_1^{(k)},\ \Delta x_2^{(k)},\ \cdots,\ \Delta x_n^{(k)}$ は式(4.28)で計算できる。

$$\Delta x = -J(x)^{-1} \cdot F(x) \tag{4.28}$$

式(4.28)のような修正量を求めるための方程式を**修正方程式**（correction equation）と呼ぶ。

これらの修正量をもとにして，つぎの反復の解 $x_1^{(k+1)}$, $x_2^{(k+1)}$, $\cdots$, $x_n^{(k+1)}$ を式(4.29)により作成すれば解の精度が改善していき，やがて希望する収束判定精度内に収まることになる。

$$x^{(k+1)} = x^{(k)} + \Delta x^{(k)} = x^{(k)} - J(x^{(k)})^{-1} \cdot F(x^{(k)}) \tag{4.29}$$

この反復計算を停止させるために，通常，式(4.30)のような収束判定条件が採用されている。

$$\max\{|x_1^{(k+1)} - x_1^{(k)}|,\ |x_2^{(k+1)} - x_2^{(k)}|,\ \cdots,\ |x_n^{(k+1)} - x_n^{(k)}|\} < \varepsilon \tag{4.30}$$

ただし，ε はあらかじめ決められた小さな正の数である。

例題 4.3 以下の方程式の解を NR 法で求めよ。ただし，初期値を $x_1^{(0)} = 0$, $x_2^{(0)} = 3$ とし，収束判定精度を $\varepsilon = 0.001$ とする。

$$f_1(x_1,\ x_2) = 2x_1 + x_2 - 4 = 0$$
$$f_2(x_1,\ x_2) = 2x_1 + x_2^2 - 6 = 0$$

【解答】 ヤコビ行列は次式となる。

$$J = \begin{bmatrix} 2 & 1 \\ 2 & 2x_2 \end{bmatrix}$$

したがって，式(4.29)より解の更新式は次式で表される。

$$\begin{bmatrix} x_1^{(k+1)} \\ x_2^{(k+1)} \end{bmatrix} = x^{(k)} + \Delta x = \begin{bmatrix} x_1^{(k)} \\ x_2^{(k)} \end{bmatrix} - \begin{bmatrix} 2 & 1 \\ 2 & 2x_2^{(k)} \end{bmatrix}^{-1} \begin{bmatrix} f_1(x_1^{(k)}, x_2^{(k)}) \\ f_2(x_1^{(k)}, x_2^{(k)}) \end{bmatrix}$$

この解の更新式を用いて，与えられた初期値から出発して逐次解を求めていく。この計算過程は**表**4.4のようになる。表に示すように，3回の反復で $(x_1,\ x_2) = (1.000,\ 2.000)$ の解に収束している。

表 4.4

k	$\begin{pmatrix} x_1^{(k)} \\ x_2^{(k)} \end{pmatrix}$	$-\begin{bmatrix} 2 & 1 \\ 2 & 2x_2^{(k)} \end{bmatrix}^{-1}$	$\begin{pmatrix} f_1(x_1^{(k)},\ x_2^{(k)}) \\ f_2(x_1^{(k)},\ x_2^{(k)}) \end{pmatrix}$	$\begin{pmatrix} \varDelta x_1 \\ \varDelta x_2 \end{pmatrix}$
0	$\begin{pmatrix} 0.0000 \\ 3.0000 \end{pmatrix}$	$\begin{bmatrix} -0.600 & 0.100 \\ 0.200 & -0.200 \end{bmatrix}$	$\begin{pmatrix} -1.0000 \\ 3.0000 \end{pmatrix}$	$\begin{pmatrix} 0.9000 \\ -0.8000 \end{pmatrix}$
1	$\begin{pmatrix} 0.9000 \\ 2.2000 \end{pmatrix}$	$\begin{bmatrix} -0.647 & 0.147 \\ 0.294 & -0.294 \end{bmatrix}$	$\begin{pmatrix} 0.0000 \\ 0.6400 \end{pmatrix}$	$\begin{pmatrix} 0.0940 \\ -0.1880 \end{pmatrix}$
2	$\begin{pmatrix} 0.9940 \\ 2.0120 \end{pmatrix}$	$\begin{bmatrix} -0.665 & 0.165 \\ 0.331 & -0.331 \end{bmatrix}$	$\begin{pmatrix} 0.0000 \\ 0.0354 \end{pmatrix}$	$\begin{pmatrix} 0.00586 \\ -0.0117 \end{pmatrix}$
3	$\begin{pmatrix} 0.999977 \\ 2.000046 \end{pmatrix}$	$\begin{bmatrix} -0.667 & 0.167 \\ 0.333 & -0.333 \end{bmatrix}$	$\begin{pmatrix} 0.0000 \\ 0.000137 \end{pmatrix}$	$\begin{pmatrix} 0.000023 \\ -0.000046 \end{pmatrix}$

4.3 ニュートン・ラフソン法による電力潮流計算

4.3.1 ニュートン・ラフソン法の電力潮流計算への適用

4.2 節で述べた NR 法を電力潮流計算に適用する。式(4.12)より極座標表示の電力方程式は式(4.31)で表される。

$$\left.\begin{array}{l} P_i = \mid V_i \mid \sum_{j=1}^{N} \mid V_j \parallel Y_{ij} \mid \cos(\delta_i - \delta_j - \theta_{ij}) \\ Q_i = \mid V_i \mid \sum_{j=1}^{N} \mid V_j \parallel Y_{ij} \mid \sin(\delta_i - \delta_j - \theta_{ij}) \end{array}\right\} \quad (4.31)$$

P_i^s と Q_i^s を指定値とすると,式(4.21)に対応した連立非線形方程式が得られる。

$$\left.\begin{array}{l} P_i^s - \mid V_i \mid \sum_{j=1}^{N} \mid V_j \parallel Y_{ij} \mid \cos(\delta_i - \delta_j - \theta_{ij}) = 0 \\ Q_i^s - \mid V_i \mid \sum_{j=1}^{N} \mid V_j \parallel Y_{ij} \mid \sin(\delta_i - \delta_j - \theta_{ij}) = 0 \end{array}\right\} \quad (4.32)$$

式(4.32)の左辺は,指定値 P^s,Q^s と電力方程式の計算値との**ミスマッチ** (mismatch) と呼ばれ,$\varDelta P$ と $\varDelta Q$ で示される。

したがって,第 k ステップでの極座標表示の電力潮流問題の修正方程式は,

4.3 ニュートン・ラフソン法による電力潮流計算

式(4.25)を参照して式(4.33)で与えられる。ただし，式(4.32)に示したように指定値から電力方程式を差し引いているため，ヤコビ行列の前の負符号は消去されていることに注意してほしい。

$$\begin{bmatrix} \Delta P^{(k)} \\ \Delta Q^{(k)} \end{bmatrix} = \begin{bmatrix} J_1 & J_2 \\ J_3 & J_4 \end{bmatrix}_{(k)} \begin{bmatrix} \Delta \delta^{(k)} \\ \Delta \mid V \mid^{(k)} \end{bmatrix} \tag{4.33}$$

ただし

$$\left. \begin{array}{l} \Delta P^{(k)} = P^S - P^{(k)} \\ \Delta Q^{(k)} = Q^S - Q^{(k)} \end{array} \right\} \tag{4.34}$$

また

ヤコビ行列の部分行列 J_1:

(対角要素) $\quad \dfrac{\partial P_i}{\partial \delta_i} = - \mid V_i \mid \sum\limits_{\substack{j=1 \\ j \neq i}}^{N} \mid V_j \parallel Y_{ij} \mid \sin(\delta_i - \delta_j - \theta_{ij})$ (4.35)

(非対角要素) $\quad \dfrac{\partial P_i}{\partial \delta_j} = \mid V_i \parallel V_j \parallel Y_{ij} \mid \sin(\delta_i - \delta_j - \theta_{ij})$ (4.36)

ヤコビ行列の部分行列 J_2:

(対角要素) $\quad \dfrac{\partial P_i}{\partial \mid V_i \mid} = \sum\limits_{\substack{j=1 \\ j \neq i}}^{N} \mid V_j \parallel Y_{ij} \mid \cos(\delta_i - \delta_j - \theta_{ij})$
$\quad\quad\quad\quad\quad\quad + 2 \mid V_i \parallel Y_{ii} \mid \cos(\theta_{ii})$ (4.37)

(非対角要素) $\quad \dfrac{\partial P_i}{\partial \mid V_j \mid} = \mid V_i \parallel Y_{ij} \mid \cos(\delta_i - \delta_j - \theta_{ij})$ (4.38)

ヤコビ行列の部分行列 J_3:

(対角要素) $\quad \dfrac{\partial Q_i}{\partial \delta_i} = \mid V_i \mid \sum\limits_{\substack{j=1 \\ j \neq i}}^{N} \mid V_j \parallel Y_{ij} \mid \cos(\delta_i - \delta_j - \theta_{ij})$ (4.39)

(非対角要素) $\quad \dfrac{\partial Q_i}{\partial \delta_j} = - \mid V_i \parallel V_j \parallel Y_{ij} \mid \cos(\delta_i - \delta_j - \theta_{ij})$ (4.40)

ヤコビ行列の部分行列 J_4:

(対角要素) $\quad \dfrac{\partial Q_i}{\partial \mid V_i \mid} = \sum\limits_{\substack{j=1 \\ j \neq i}}^{N} \mid V_j \parallel Y_{ij} \mid \sin(\delta_i - \delta_j - \theta_{ij})$
$\quad\quad\quad\quad\quad\quad + 2 \mid V_i \parallel Y_{ii} \mid \sin(\theta_{ii})$ (4.41)

(非対角要素) $\quad \dfrac{\partial Q_i}{\partial |V_j|} = |V_i||Y_{ij}|\sin(\delta_i - \delta_j - \theta_{ij})$ \hfill (4.42)

である。

ここで，ヤコビ行列の各要素は第 k ステップでの解 $\delta^{(k)}$, $|V|^{(k)}$ に対する値である。ただし，スラックノードはその電圧の大きさと位相角を固定値として扱うため，実際の計算の際にはこれらの式から除かれることに注意が必要である。式(4.33)を解いて修正量 $\varDelta\delta^{(k)}$, $\varDelta|V|^{(k)}$ を算出すると，第 $(k+1)$ ステップで使用する近似解が式(4.43)のように求められる。

$$\left.\begin{aligned} \delta^{(k+1)} &= \delta^{(k)} + \varDelta\delta^{(k)} \\ |V|^{(k+1)} &= |V|^{(k)} + \varDelta|V|^{(k)} \end{aligned}\right\} \quad (4.43)$$

例題 4.4 例題 4.1 で示した3ノードからなる簡単な電力系統に対して，極座標示の修正方程式を作れ。

【解答】 極座標表示の電力方程式(4.31)を用いて，スラックノードを除いた二つのノードに関する電力方程式は式(4.44)で表される。

$$\left.\begin{aligned} P_2 &= |V_2||V_1||Y_{21}|\cos(\delta_2 - \delta_1 - \theta_{21}) + |V_2|^2|Y_{22}|\cos(-\theta_{22}) \\ &\quad + |V_2||V_3||Y_{23}|\cos(\delta_2 - \delta_3 - \theta_{23}) \\ P_3 &= |V_3||V_2||Y_{32}|\cos(\delta_3 - \delta_2 - \theta_{32}) + |V_3|^2|Y_{33}|\cos(-\theta_{33}) \\ Q_2 &= |V_2||V_1||Y_{21}|\sin(\delta_2 - \delta_1 - \theta_{21}) + |V_2|^2|Y_{22}|\sin(-\theta_{22}) \\ &\quad + |V_2||V_3||Y_{23}|\sin(\delta_2 - \delta_3 - \theta_{23}) \end{aligned}\right\} \quad (4.44)$$

したがって，修正方程式は式(4.45)のようになる。

$$\begin{bmatrix} \varDelta P_2 \\ \varDelta P_3 \\ \varDelta Q_2 \end{bmatrix} = \begin{bmatrix} \dfrac{\partial P_2}{\partial \delta_2} & \dfrac{\partial P_2}{\partial \delta_3} & \dfrac{\partial P_2}{\partial |V_2|} \\ \dfrac{\partial P_3}{\partial \delta_2} & \dfrac{\partial P_3}{\partial \delta_3} & \dfrac{\partial P_3}{\partial |V_2|} \\ \dfrac{\partial Q_2}{\partial \delta_2} & \dfrac{\partial Q_2}{\partial \delta_3} & \dfrac{\partial Q_2}{\partial |V_2|} \end{bmatrix} \begin{bmatrix} \varDelta \delta_2 \\ \varDelta \delta_3 \\ \varDelta |V_2| \end{bmatrix} \quad (4.45)$$

ここで，左辺のミスマッチは式(4.46)で表される。

$$\left.\begin{aligned} \varDelta P_2 &= P_2{}^s - P_2 = 0.20 - P_2 \\ \varDelta P_3 &= P_3{}^s - P_3 = -0.35 - P_3 \\ \varDelta Q_2 &= Q_2{}^s - Q_2 = -0.20 - Q_2 \end{aligned}\right\} \quad (4.46)$$

また，ヤコビ行列の要素は式(4.47)のように計算される。

$$\left.\begin{aligned}
\frac{\partial P_2}{\partial \delta_2} &= -|V_2\|V_1\|Y_{21}|\sin(\delta_2 - \delta_1 - \theta_{21}) \\
&\quad -|V_2\|V_3\|Y_{23}|\sin(\delta_2 - \delta_3 - \theta_{23}) \\
\frac{\partial P_2}{\partial \delta_3} &= |V_2\|V_3\|Y_{23}|\sin(\delta_2 - \delta_3 - \theta_{23}) \\
\frac{\partial P_2}{\partial |V_2|} &= |V_1\|Y_{21}|\cos(\delta_2 - \delta_1 - \theta_{21}) \\
&\quad + 2|V_2\|Y_{22}|\cos(-\theta_{22}) \\
&\quad + |V_3\|Y_{23}|\cos(\delta_2 - \delta_3 - \theta_{23}) \\
\frac{\partial P_3}{\partial \delta_2} &= |V_3\|V_2\|Y_{32}|\sin(\delta_3 - \delta_2 - \theta_{32}) \\
\frac{\partial P_3}{\partial \delta_3} &= -|V_3\|V_2\|Y_{32}|\sin(\delta_3 - \delta_2 - \theta_{32}) \\
\frac{\partial P_3}{\partial |V_2|} &= |V_3\|Y_{32}|\cos(\delta_3 - \delta_2 - \theta_{32}) \\
\frac{\partial Q_2}{\partial \delta_2} &= |V_2\|V_1\|Y_{21}|\cos(\delta_2 - \delta_1 - \theta_{21}) \\
&\quad + |V_2\|V_3\|Y_{23}|\cos(\delta_2 - \delta_3 - \theta_{23}) \\
\frac{\partial Q_2}{\partial \delta_3} &= -|V_2\|V_3\|Y_{23}|\cos(\delta_2 - \delta_3 - \theta_{23}) \\
\frac{\partial Q_2}{\partial |V_2|} &= |V_1\|Y_{21}|\sin(\delta_2 - \delta_1 - \theta_{21}) + 2|V_2\|Y_{22}|\sin(-\theta_{22}) \\
&\quad + |V_3\|Y_{23}|\sin(\delta_2 - \delta_3 - \theta_{23})
\end{aligned}\right\} \quad (4.47)$$

　式(4.47)のような修正方程式に適当な電圧の初期値を与えて，修正量 $\varDelta\delta_2$，$\varDelta\delta_3$，$\varDelta|V_2|$ を求め，式(4.43)で示した解の更新式によって新たな解を算出するのが NR 法の基本的なステップである．一般的に使用されている電圧の初期値は，すべての P-Q ノードについて $V_i = |V_i| \angle \delta_i = 1.0 \angle 0.0$ とし，すべての P-V ノードについて $\delta_i = 0.0$ とする．このような初期値から計算を開始することを，**フラットスタート**（flat start）と呼ぶ．この値をヤコビ行列に代入すると行列の各要素が求められるため，修正方程式は線形な連立一次方程式となり，修正量 $\varDelta\delta_2$，$\varDelta\delta_3$，$\varDelta|V_2|$ を求めることが可能になる．

4.3.2 ニュートン・ラフソン法のアルゴリズム

上述の説明で電力潮流問題をNR法で解く準備が整ったので,その全体の処理方式を以下に示す.

【NR法による電力潮流計算法のアルゴリズム】

(**step 1**) P-V 母線に対して,電圧の初期値を $|V_i|^{(0)}=1.0$, $\delta_i^{(0)}=0.0$ とし,P-V 母線に対して $\delta_i^{(0)}=0.0$ とおく(フラットスタート).

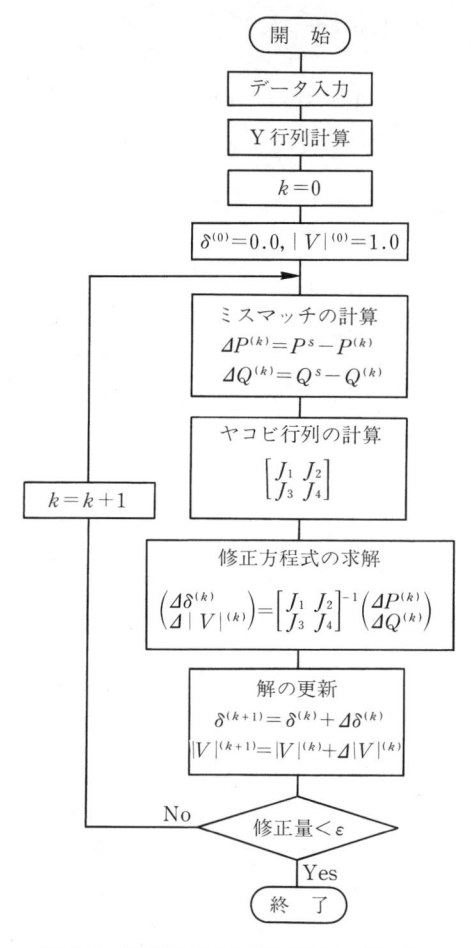

```
開始
 ↓
データ入力
 ↓
Y 行列計算
 ↓
k = 0
 ↓
δ^(0) = 0.0, |V|^(0) = 1.0
 ↓
ミスマッチの計算
ΔP^(k) = P^s − P^(k)
ΔQ^(k) = Q^s − Q^(k)
 ↓
ヤコビ行列の計算
[J1 J2]
[J3 J4]
 ↓
修正方程式の求解
(Δδ^(k))   [J1 J2]^-1 (ΔP^(k))
(Δ|V|^(k)) = [J3 J4]    (ΔQ^(k))
 ↓
解の更新
δ^(k+1) = δ^(k) + Δδ^(k)
|V|^(k+1) = |V|^(k) + Δ|V|^(k)
 ↓
修正量 < ε ?
 No → k = k+1 (ループ戻り)
 Yes → 終了
```

図 4.3　極座標表示の NR 法アルゴリズム

(**step 2**) 電力方程式を式(4.31)により計算し，指定値とのミスマッチを式(4.34)により計算する。

(**step 3**) ヤコビ行列の各要素を式(4.35)～(4.42)を用いて計算する。

(**step 4**) 修正方程式(4.45)を用いて，修正量 $\varDelta\delta_i^{(k)}$，$\varDelta|V|_i^{(k)}$ を最適順序消去技法を用いた**三角化分解**（triangular factorization）と**ガウスの消去法**（Gaussian elimination）により求める。

(**step 5**) 解の更新式(4.43)により，新しい解を求める。

(**step 6**) ミスマッチが与えられた収束精度より小さくなるまで，(step 2)～(step 5)を反復する。

$$\left.\begin{array}{l}|\varDelta P_i|^{(k)} < \varepsilon \\ |\varDelta Q_i|^{(k)} < \varepsilon\end{array}\right\} \tag{4.48}$$

以上のアルゴリズムを図4.3に示す。

例題 4.5 例題4.1で示した3ノードからなる簡単な電力系統に対して，NR法を用いて潮流計算せよ。ただし，収束判定精度は $\varepsilon = 0.001$ とせよ。

【解答】 この電力システムのY行列は式(3.20)で得られている。

$$Y = \begin{bmatrix} 1.20 - j1.55 & -1.20 + j1.60 & 0.0 \\ -1.20 + j1.60 & 1.20 - j3.83 & j2.4 \\ 0.0 & j2.4 & -j2.00 \end{bmatrix}$$

極座標示に変換すると式(4.49)となる（角度はラジアン）。

$$Y = \begin{bmatrix} 1.9602\angle-0.9120 & 2.0000\angle 2.2143 & 0.0000\angle 0.0000 \\ 2.0000\angle 2.2143 & 4.0136\angle-1.2672 & 2.4000\angle 1.5708 \\ 0.0000\angle 0.0000 & 2.4000\angle 1.5708 & 2.0000\angle-1.5708 \end{bmatrix} \tag{4.49}$$

まず，電圧の初期値をフラットスタートとして次式のようにする。

$V_1 = |V_1| \angle \delta_1 = 1.0 \angle 0$ （スラック母線）
$V_2 = |V_2| \angle \delta_2 = 1.0 \angle 0$ （P-Q母線）
$V_3 = |V_3| \angle \delta_3 = 1.1 \angle 0$ （P-V母線）

したがって，電力方程式(4.44)の値を求めることができる。

つぎに，指定値と上述の計算値の差であるミスマッチが式(4.50)で求められる。

4. 電力潮流計算

$$\left.\begin{array}{l}\Delta P_2 = P_2{}^S - P_2 \\ \Delta P_3 = P_3{}^S - P_3 \\ \Delta Q_2 = Q_2{}^S - Q_2\end{array}\right\} \qquad (4.50)$$

一方,修正方程式の右辺のヤコビ行列の各要素も式(4.47)を用いて計算することができる.

したがって,以下の修正方程式を解いて修正量 ($\Delta\delta_2{}^{(k)}$, $\Delta\delta_3{}^{(k)}$, $\Delta|V_2|^{(k)}$) を求めることができる.

$$\begin{bmatrix} \Delta P_2 \\ \Delta P_3 \\ \Delta Q_2 \end{bmatrix} = \begin{bmatrix} \dfrac{\partial P_2}{\partial \delta_2} & \dfrac{\partial P_2}{\partial \delta_3} & \dfrac{\partial P_2}{\partial |V_2|} \\ \dfrac{\partial P_3}{\partial \delta_2} & \dfrac{\partial P_3}{\partial \delta_3} & \dfrac{\partial P_3}{\partial |V_2|} \\ \dfrac{\partial Q_2}{\partial \delta_2} & \dfrac{\partial Q_2}{\partial \delta_3} & \dfrac{\partial Q_2}{\partial |V_2|} \end{bmatrix} \begin{bmatrix} \Delta\delta_2 \\ \Delta\delta_3 \\ \Delta|V_2| \end{bmatrix}$$

そして,式(4.51)に示す解の更新式により新しい解を求めることができる.

$$\left.\begin{array}{l} \delta_2{}^{(k+1)} = \delta_2{}^{(k)} + \Delta\delta_2{}^{(k)} \\ \delta_3{}^{(k+1)} = \delta_3{}^{(k)} + \Delta\delta_3{}^{(k)} \\ |V_2|^{(k+1)} = |V_2|^{(k)} + \Delta|V_2|^{(k)} \end{array}\right\} \qquad (4.51)$$

本例題に対して,k を反復回数としてその計算過程を示すと以下のようになる.

$k = 1$:

まず,修正方程式は次式となる.

$$\begin{bmatrix} 0.2000 \\ -0.3500 \\ 0.2100 \end{bmatrix}_{(1)} = \begin{bmatrix} 4.2400 & -2.6400 & 1.2000 \\ -2.6400 & 2.6400 & 0.0000 \\ -1.2000 & 0.0000 & 3.4200 \end{bmatrix}_{(1)} \begin{bmatrix} \Delta\delta_2{}^{(1)} \\ \Delta\delta_3{}^{(1)} \\ \Delta|V_2|^{(1)} \end{bmatrix}$$

したがって,修正量は以下のようになる.

$$\begin{bmatrix} \Delta\delta_2{}^{(1)} \\ \Delta\delta_3{}^{(1)} \\ \Delta|V_2|^{(1)} \end{bmatrix} = \begin{bmatrix} 4.2400 & -2.6400 & 1.2000 \\ -2.6400 & 2.6400 & 0.0000 \\ -1.2000 & 0.0000 & 3.4200 \end{bmatrix}_{(1)}^{-1} \begin{bmatrix} 0.2000 \\ -0.3500 \\ 0.2100 \end{bmatrix}_{(1)}$$

$$= \begin{bmatrix} -0.1107 \\ -0.2433 \\ 0.0226 \end{bmatrix}$$

解の更新式より,新しい解が以下のように得られる.

$$\begin{bmatrix} \delta_2{}^{(2)} \\ \delta_3{}^{(2)} \\ |V_2|^{(2)} \end{bmatrix} = \begin{bmatrix} \delta_2{}^{(1)} \\ \delta_3{}^{(1)} \\ |V_2|^{(1)} \end{bmatrix} + \begin{bmatrix} \Delta\delta_2{}^{(1)} \\ \Delta\delta_3{}^{(1)} \\ \Delta|V_2|^{(1)} \end{bmatrix} = \begin{bmatrix} 0.0000 \\ 0.0000 \\ 1.0000 \end{bmatrix} + \begin{bmatrix} -0.1107 \\ -0.2433 \\ 0.0226 \end{bmatrix}$$

$$= \begin{bmatrix} -0.1107 \\ -0.2433 \\ 1.0226 \end{bmatrix}$$

$k = 2$:

同様にして以下のように計算される。

$$\begin{bmatrix} -0.0113 \\ 0.0069 \\ -0.0384 \end{bmatrix}_{(2)} = \begin{bmatrix} 4.1665 & -2.679 & 1.4338 \\ -2.6759 & 2.6759 & -0.3490 \\ -1.0434 & -0.3569 & 3.7584 \end{bmatrix}_{(2)} \begin{bmatrix} \varDelta \delta_2^{(2)} \\ \varDelta \delta_3^{(2)} \\ \varDelta |V_2|^{(2)} \end{bmatrix}$$

$$\therefore \begin{bmatrix} \varDelta \delta_2^{(2)} \\ \varDelta \delta_3^{(2)} \\ \varDelta |V_2|^{(2)} \end{bmatrix} = \begin{bmatrix} 0.0340 \\ 0.0048 \\ -0.0088 \end{bmatrix}$$

$$\begin{bmatrix} \delta_2^{(3)} \\ \delta_3^{(3)} \\ |V_2|^{(3)} \end{bmatrix} = \begin{bmatrix} \delta_2^{(2)} \\ \delta_3^{(2)} \\ |V_2|^{(2)} \end{bmatrix} + \begin{bmatrix} \varDelta \delta_2^{(2)} \\ \varDelta \delta_3^{(2)} \\ \varDelta |V_2|^{(2)} \end{bmatrix} = \begin{bmatrix} -0.1107 \\ -0.2433 \\ 1.0226 \end{bmatrix} + \begin{bmatrix} 0.0340 \\ 0.0048 \\ -0.0088 \end{bmatrix}$$

$$= \begin{bmatrix} -0.1073 \\ -0.2384 \\ 1.0138 \end{bmatrix}$$

$k = 3$:

$$\begin{bmatrix} 0.0000897 \\ 0.0000322 \\ -0.0000358 \end{bmatrix}_{(3)} = \begin{bmatrix} 4.1358 & -2.6533 & 1.4139 \\ -2.6533 & 2.6533 & -0.3453 \\ -1.0332 & -0.3500 & 3.6858 \end{bmatrix}_{(3)} \begin{bmatrix} \varDelta \delta_2^{(3)} \\ \varDelta \delta_3^{(3)} \\ \varDelta |V_2|^{(3)} \end{bmatrix}$$

$$\therefore \begin{bmatrix} \varDelta \delta_2^{(3)} \\ \varDelta \delta_3^{(3)} \\ \varDelta |V_2|^{(3)} \end{bmatrix} = \begin{bmatrix} -0.00002388 \\ -0.00002470 \\ -0.00008694 \end{bmatrix}$$

$$\begin{bmatrix} \delta_2^{(4)} \\ \delta_3^{(4)} \\ |V_2|^{(4)} \end{bmatrix} = \begin{bmatrix} \delta_2^{(3)} \\ \delta_3^{(3)} \\ |V_2|^{(3)} \end{bmatrix} + \begin{bmatrix} \varDelta \delta_2^{(3)} \\ \varDelta \delta_3^{(3)} \\ \varDelta |V_2|^{(3)} \end{bmatrix} = \begin{bmatrix} -0.1073 \\ -0.2384 \\ 1.0138 \end{bmatrix} + \begin{bmatrix} -0.00002388 \\ -0.00002470 \\ -0.00008694 \end{bmatrix}$$

$$= \begin{bmatrix} -0.1073 \\ -0.2384 \\ 1.0137 \end{bmatrix}$$

この時点で，ミスマッチが収束判定精度以下 ($\varepsilon < 0.001$) となったので反復を終了する．得られた解は以下である．

$$V_2 = 1.0137 \angle -0.1073 = 1.0078 - j0.1085 \quad \text{[pu]}$$
$$V_3 = 1.1000 \angle -0.2384 = 1.0689 - j0.2598 \quad \text{[pu]}$$

4.4 ファースト・デカップル法による電力潮流計算

ここでは，1974年に B. Stott と O. Alsac により提案された高速な**ファースト・デカップル法**（Fast Decouple method, FD法）について説明する。この手法はヤコビ行列の再計算が不要であるため，NR法に比べて反復回数が増えるものの計算時間は少なくて済むという特長がある。

一般に，電力システムの送電線のリアクタンスと抵抗の比 (X/R) は非常に大きな値となる。そのような系統では，有効電力の変化 $\varDelta P$ は主として位相角の変化 $\varDelta \delta$ に依存し，無効電力の変化 $\varDelta Q$ は電圧の大きさの変化 $\varDelta |V|$ に依存することが知られている。したがって，式(4.33)で示した修正方程式の J_2 と J_3 は零行列とすることができる。

$$\begin{bmatrix} \varDelta P^{(k)} \\ \varDelta Q^{(k)} \end{bmatrix} = \begin{bmatrix} J_1 & 0 \\ 0 & J_4 \end{bmatrix}_{(k)} \begin{bmatrix} \varDelta \delta^{(k)} \\ \varDelta |V|^{(k)} \end{bmatrix} \qquad (4.52)$$

すなわち，$\varDelta P^{(k)}$ と $\varDelta Q^{(k)}$ は式(4.53)，(4.54)のように表すことができる。

$$\varDelta P^{(k)} = J_1 \cdot \varDelta \delta^{(k)} = \left[\frac{\partial P}{\partial \delta} \right]_{(k)} \varDelta \delta^{(k)} \qquad (4.53)$$

$$\varDelta Q^{(k)} = J_4 \cdot \varDelta |V|^{(k)} = \left[\frac{\partial Q}{\partial |V|} \right]_{(k)} \varDelta |V|^{(k)} \qquad (4.54)$$

デカップルという名称は，このように $\varDelta P$ と $\varDelta Q$ の計算が独立に行えることに由来している。

まず，J_1 の対角要素に着目すると，式(4.35)から式(4.55)で表される。

$$\frac{\partial P_i}{\partial \delta_i} = -|V_i| \sum_{j=1}^{N} |V_j||Y_{ij}| \sin(\delta_i - \delta_j - \theta_{ij})$$
$$+ |V_i|^2 |Y_{ii}| \sin(-\theta_{ii}) \qquad (4.55)$$

一方，式(4.55)の右辺の第1項目は式(4.31)の Q_i であるから式(4.56)が得られる。

$$\frac{\partial P_i}{\partial \delta_i} = -Q_i + |V_i|^2 |Y_{ii}| \sin(-\theta_{ii}) = -Q_i - |V_i|^2 B_{ii} \quad (4.56)$$

ただし，$B_{ii} = |Y_{ii}|\sin(\theta_{ii})$ であり，これは Y 行列の対角要素の虚数部に対応する量である。

実際の電力システムでは，$B_{ii} \gg Q_i$ であり，また，$|V_i|^2 \approx |V_i|$ を仮定すると，式(4.56)は式(4.57)のように近似される。

$$\frac{\partial P_i}{\partial \delta_i} \approx -|V_i|B_{ii} \tag{4.57}$$

つぎに，J_1 の非対角要素に着目すると，式(4.36)において，$\delta_i - \delta_j \approx 0$ と $|V_j| \approx 1$ を仮定すると（通常の運転状態では成立する），つぎの近似式が得られる。

$$\frac{\partial P_i}{\partial \delta_j} = |V_i\|V_j\|Y_{ij}|\sin(\delta_i - \delta_j - \theta_{ij}) \approx |V_i\|V_j\|Y_{ij}|\sin(-\theta_{ij})$$

$$\approx -|V_i|B_{ij} \tag{4.58}$$

J_4 の対角要素についても同様に，$B_{ii} \gg Q_i$ を仮定すると式(4.59)が得られる。

$$\frac{\partial Q_i}{\partial |V_i|} = \sum_{j=1}^{N} |V_j\|Y_{ij}|\sin(\delta_i - \delta_j - \theta_{ij}) - |V_i\|Y_{ii}|\sin(\theta_{ii})$$

$$= \frac{Q_i}{|V_i|} - |V_i|B_{ii} \approx -|V_i|B_{ii} \tag{4.59}$$

J_4 の非対角要素についても同様に，$\delta_i - \delta_j \approx 0$ を仮定すると式(4.60)が得られる。

$$\frac{\partial Q_i}{\partial |V_j|} = |V_i\|Y_{ij}|\sin(\delta_i - \delta_j - \theta_{ij}) \approx -|V_i|B_{ij} \tag{4.60}$$

したがって，修正方程式(4.53)，(4.54)は式(4.61)，(4.62)で近似することができる。

$$\frac{\Delta P^{(k)}}{|V|} = -B'\Delta \delta^{(k)} \tag{4.61}$$

$$\frac{\Delta Q^{(k)}}{|V_i|} = -B''\Delta |V|^{(k)} \tag{4.62}$$

ここで，B' と B'' は Y 行列のサセプタンス（一定値）に対応する量である。

修正方程式(4.61)，(4.62)を解くと，式(4.63)，(4.64)の修正量が得られる。

$$\varDelta \delta^{(k)} = -[B']^{-1} \frac{\varDelta P^{(k)}}{|V|} \tag{4.63}$$

$$\varDelta |V|^{(k)} = -[B'']^{-1} \frac{\varDelta Q^{(k)}}{|V|} \tag{4.64}$$

このように,FD 法では,NR 法のヤコビ行列に対応する部分が Y 行列のサセプタンスに置き換えられているため,反復の過程で再計算の必要がない。さらに,$[B']$ と $[B'']$ の逆行列を一度だけ三角化分解とガウスの消去法を用いて計算しておけばよいので,計算量の点から非常に有利であることがわかる。

例題 4.6 例題 4.1 で示した 3 ノードからなる簡単な電力系統に対して,FD 法を用いて潮流計算せよ。ただし,収束判定精度は $\varepsilon = 0.001$ とせよ。

【解答】 この電力システムの Y 行列は式 (3.20) で得られている。
ノード 1 はスラックノードであるから,$\varDelta \delta_2$ と $\varDelta \delta_3$ に対するサセプタンス行列 B' とその逆行列は以下のようになる。

$$B' = \begin{bmatrix} -3.83 & 2.40 \\ 2.40 & -2.0 \end{bmatrix}, \quad [B']^{-1} = \begin{bmatrix} -1.0526 & -1.2632 \\ -1.2632 & -2.0158 \end{bmatrix}$$

この電力システムにおいて,スラックノードを除いた二つのノードに関する電力方程式は式 (4.44) で与えられている。
ここで,$P_2^S = 0.20$,$P_3^S = -0.35$,$Q_2^S = -0.20$,$V_1 = 1.0 \angle 0$,$|V_3| = 1.1$ である。初期値 $|V_2^{(0)}| = 1.0$,$\delta_2^{(0)} = 0.0$,$\delta_3^{(0)} = 0.0$ から出発して,ミスマッチを計算すると以下のようになる。

$$\varDelta P_2^{(0)} = P_2^S - P_2^{(0)} = 0.20 - P_2^{(0)} = 0.20$$
$$\varDelta P_3^{(0)} = P_3^S - P_3^{(0)} = -0.35 - P_3^{(0)} = -0.35$$
$$\varDelta Q_2^{(0)} = Q_2^S - Q_2^{(0)} = -0.20 - Q_2^{(0)} = 0.21$$

電圧の位相角の修正量は,式 (4.63) より以下のように求められる。

$$\begin{bmatrix} \varDelta \delta_2^{(0)} \\ \varDelta \delta_3^{(0)} \end{bmatrix} = - \begin{bmatrix} -1.0526 & -1.2632 \\ -1.2632 & -2.0158 \end{bmatrix} \begin{bmatrix} 0.20/1.0 \\ -0.35/1.1 \end{bmatrix} = \begin{bmatrix} -0.191388 \\ -0.388756 \end{bmatrix}$$

ノード 3 は P-V ノードであるので,B' から対応する行と列を除いて B'' が得られる。

$$B'' = [-3.83]$$

電圧の大きさの修正量は,式 (4.64) より以下のように求められる。

$$\varDelta |V_2^{(0)}| = -[-3.83]^{-1}\left(\frac{0.21}{1.0}\right) = 1.05483$$

したがって，新しい解は以下のようになる．

$$\delta_2^{(1)} = \delta_2^{(0)} + \Delta\delta_2^{(0)} = 0.0 + \Delta\delta_2^{(0)} = -0.191\,988$$

$$\delta_3^{(1)} = \delta_3^{(0)} + \Delta\delta_3^{(0)} = 0.0 + \Delta\delta_3^{(0)} = -0.388\,756$$

$$|V_2^{(1)}| = |V_2^{(0)}| + \Delta|V_2^{(0)}| = 1.0 + \Delta|V_2^{(0)}| = 1.054\,830$$

以上の計算を繰り返すと解が求められる．その計算過程を**表 4.5** に示す．

表 4.5

k	δ_2	δ_3	$|V_2|$	ΔP_2	ΔP_3	ΔQ_2
1	$-0.191\,388$	$-0.388\,756$	$1.054\,830$	$0.200\,000$	$-0.350\,000$	$0.210\,000$
2	$-0.089\,967$	$-0.177\,933$	$0.972\,665$	$-0.117\,535$	$0.196\,061$	$-0.314\,694$
3	$-0.083\,968$	$-0.227\,284$	$1.019\,541$	$0.141\,418$	$-0.124\,410$	$0.179\,535$
4	$-0.124\,257$	$-0.259\,981$	$1.021\,044$	$-0.075\,832$	$0.034\,428$	$0.005\,756$
5	$-0.104\,697$	$-0.229\,814$	$1.007\,230$	$0.002\,512$	$0.014\,730$	$-0.052\,905$
6	$-0.103\,214$	$-0.236\,293$	$1.014\,841$	$0.021\,232$	$-0.018\,170$	$0.029\,147$
7	$-0.110\,329$	$-0.242\,335$	$1.014\,997$	$-0.012\,751$	$0.005\,492$	$0.000\,599$
8	$-0.106\,767$	$-0.236\,836$	$1.012\,531$	$0.000\,442$	$0.002\,696$	$-0.009\,446$
9	$-0.106\,561$	$-0.238\,086$	$1.013\,904$	$0.003\,792$	$-0.003\,296$	$0.005\,259$
10	$-0.107\,806$	$-0.239\,107$	$1.013\,899$	$-0.002\,318$	$0.001\,040$	$-0.000\,018$
11	$-0.107\,159$	$-0.238\,129$	$1.013\,470$	$0.000\,129$	$0.000\,444$	$-0.001\,644$
12	$-0.107\,137$	$-0.238\,367$	$1.013\,718$	$0.000\,657$	$-0.000\,583$	$0.000\,948$

表より得られた解は以下であることがわかる．

$$V_2 = 1.013\,7 \angle -0.107\,1 = 1.007\,9 - j0.108\,4 \quad [\text{pu}]$$

$$V_3 = 1.100\,0 \angle -0.238\,4 = 1.068\,9 - j0.259\,8 \quad [\text{pu}]$$

この値は NR 法で求めた例題 4.5 の結果と収束判定精度内で同一である．NR 法は 3 回の反復で解が得られたのに対して，FD 法だと 12 回の反復を要している．しかし前述したように FD 法の方がヤコビ行列の再計算が不要であるため計算時間の点で有利である．

4.5 送電線潮流と電力損失

電力システムのノード電圧が計算できたので，それらの値を用いて送電線潮流と電力損失の計算方法を説明する．**図 4.4** に示すように二つのノードが送電線で結合されている系統を考える．図より，ノード i からノード j の方向に流

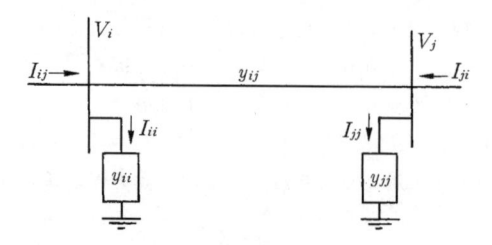

図4.4 送電線モデル

れる送電線電流 I_{ij} は式(4.65)で与えられる。

$$I_{ij} = y_{ij}(V_i - V_j) + y_{ii}V_i \tag{4.65}$$

また，ノード j からノード i の方向に流れる送電線電流 I_{ji} は式(4.66)で与えられる。

$$I_{ji} = y_{ji}(V_j - V_i) + y_{jj}V_j \tag{4.66}$$

ただし，$y_{ij} = y_{ji}$ である。

ノード i からノード j の方向の**送電線潮流** S_{ij} と，ノード j からノード i の方向の送電線潮流 S_{ji} は，式(4.67)，(4.68)のように求められる。

$$S_{ij} = V_i \cdot \bar{I}_{ij} \quad (ノード i 側の潮流) \tag{4.67}$$

$$S_{ji} = V_j \cdot \bar{I}_{ji} \quad (ノード j 側の潮流) \tag{4.68}$$

したがって，ノード i とノード j 間の**電力損失**（power loss）は式(4.69)で計算できる。

$$S_{Loss\ ij} = S_{ij} + S_{ji} \tag{4.69}$$

例題 4.7 例題 4.5 で求めたノード電圧を図 4.5 に示す。この値を用いて，ブランチ潮流と電力損失を求めよ。

$V_1 = 1.0 + j0.0$　$V_2 = 1.0078 - j0.1085$　$V_3 = 1.0689 - j0.2598$

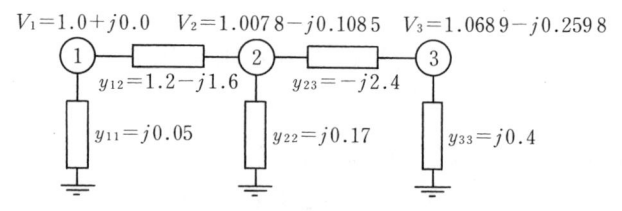

$y_{12} = 1.2 - j1.6$　$y_{23} = -j2.4$

$y_{11} = j0.05$　$y_{22} = j0.17$　$y_{33} = j0.4$

図4.5 簡単な電力システム（ノード電圧表示）

【解答】 ブランチ潮流を求めるために，まず送電線電流を式(4.65)，(4.66)より求める。

$$I_{12} = y_{12}(V_1 - V_2) + y_{11}V_1$$
$$= (1.2 - j1.6)[(1.0 + j0.0) - (1.007\,8 - j0.108\,5)]$$
$$\quad + (j0.05)(1.0 + j0.0)$$
$$= 0.164\,240 + j0.192\,680$$

$$I_{21} = y_{21}(V_2 - V_1) + y_{22}V_2$$
$$= (1.2 - j1.6)[(1.007\,8 - j0.108\,5) - (1.0 + j0.0)]$$
$$\quad + j0.17(1.007\,8 - j0.108\,5)$$
$$= -0.145\,795 + j0.028\,646$$

$$I_{23} = y_{23}(V_2 - V_3) + y_{22}V_2$$
$$= (-j2.4)[(1.007\,8 - j0.108\,5) - (1.068\,9 - j0.259\,8)]$$
$$\quad + j0.17(1.007\,8 - j0.108\,5)$$
$$= 0.381\,565 + j0.317\,966$$

$$I_{32} = y_{32}(V_3 - V_2) + y_{33}V_3$$
$$= (-j2.4)[(1.068\,9 - j0.259\,8) - (1.007\,8 - j0.108\,5)]$$
$$\quad + j0.4(1.068\,9 - j0.259\,8)$$
$$= -0.259\,200 + j0.280\,920$$

送電線潮流は式(4.67)，(4.68)より以下のようになる。

$$S_{12} = V_1 \overline{I}_{12} = (1.0 + j0.0)\overline{I}_{12} = 0.164\,240 - j0.192\,680$$
$$S_{21} = V_2 \overline{I}_{21} = (1.007\,8 - j0.108\,5)\overline{I}_{21} = -0.150\,040 - j0.013\,051$$
$$S_{23} = V_2 \overline{I}_{23} = (1.007\,8 - j0.108\,5)\overline{I}_{23} = 0.350\,042 - j0.361\,846$$
$$S_{32} = V_3 \overline{I}_{32} = (1.068\,9 - j0.259\,8)\overline{I}_{32} = -0.350\,042 - j0.232\,935$$

したがって，送電線損失は式(4.69)より以下のようになる。

$$S_{Loss\,12} = S_{12} + S_{21} = 0.014\,200 - j0.205\,731 \quad (\text{pu})$$
$$S_{Loss\,23} = S_{23} + S_{32} = 0.000\,000 - j0.594\,781 \quad (\text{pu})$$

4.6 電力潮流計算プログラム

ここでは，例題 4.5 の簡単な電力システムを例題にして，NR 法により電力潮流計算を行う MATLAB のプログラムを示す。プログラム内に電力方程式やヤコビ行列の計算式をそのまま記述しているので，例題 4.5 の電力システムに対応したプログラムとなっている。汎用的なプログラムにするには，ループ

を用いて電力方程式とヤコビ行列の値を計算できるように改造すればよい。また，MATLABでは$[A](x) = (b)$の解は，$(x) = [A]\backslash(b)$とすると三角要素化とガウスの消去法を用いたアルゴリズムを用いて効率よく計算できる。この方法は，修正方程式から修正量を求める際に用いている。

① テストプログラム（ntr.m）

```
%------------------------------------------------------------------
% ntr.m:test for power flow calclation by Newton Raphson method
%------------------------------------------------------------------
% 3-bus simple network
%
%          (1)----------(2)-------------(3)
%          slack         P-Q             P-V
%    Power equation
% -------  ---------------------------------  -------
% |dP(2)|  |dP(2)/dd(2)   dP(2)/dd(3)   dP(2)/dV(2)|  |dd(2)|
% |dP(3)|=|dP(3)/dd(2)   dP(3)/dd(3)   dP(3)/dV(2)|*|dd(3)|
% |dQ(2)|  |dQ(2)/dd(2)   dQ(2)/dd(3)   dQ(2)/dV(2)|  |dV(2)|
% -------  ---------------------------------  -------
j=sprt(-1);
V= [1.0;   1.0;    1.1  ];
d= [0.0;   0.0;    0.0  ];
PS=[ 0.20;  -0.35];
QS=  -0.2;
Ybus=[1.20-j*1.55    -1.20+j*1.60       0.0
      -1.20+j*1.60    1.20-j*3.83       j*2.4
       0.0            j*2.4            -j*2.0  ];
Y=abs(Ybus);
t=angle(Ybus);

acur=0.001;
kmax=10;
missmatch=10.0;
k=0;

while max(abs(missmatch))>acur & k<kmax

    k=k+1;
    P=[V(2)*V(1)*Y(2,1)*cos(d(2)-d(1)-t(2,1))
         +V(2)^2*Y(2,2)*cos(-t(2,2))
         +V(2)*V(3)*Y(2,3)*cos(d(2)-d(3)-t(2,3));
       V(3)*V(2)*Y(3,2)*cos(d(3)-d(2)-t(3,2))
         +V(3)^2*Y(3,3)*cos(-t(3,3))                    ];
```

```
            Q=V(2)*V(1)*Y(2,1)*sin(d(2)-d(1)-t(2,1))
               +V(2)^2*Y(2,2)*sin(-t(2,2))
               +V(2)*V(3)*Y(2,3)*sin(d(2)-d(3)-t(2,3));

            J(1,1)=-V(2)*V(1)*Y(2,1)*sin(d(2)-d(1)-t(2,1))
                   -V(2)*V(3)*Y(2,3)*sin(d(2)-d(3)-t(2,3));
            J(1,2)= V(2)*V(3)*Y(2,3)*sin(d(2)-d(3)-t(2,3));
            J(1,3)= V(1)*Y(2,1)*cos(d(2)-d(1)-t(2,1))
                   +2.0*V(2)*Y(2,2)*cos(-t(2,2))
                   +V(3)*Y(2,3)*cos(d(2)-d(3)-t(2,3));

            J(2,1)= V(3)*V(2)*Y(3,2)*sin(d(3)-d(2)-t(3,2));
            J(2,2)= -V(3)*V(2)*Y(3,2)*sin(d(3)-d(2)-t(3,2));
            J(2,3)= V(3)*Y(3,2)*cos(d(3)-d(2)-t(3,2));

            J(3,1)= V(2)*V(1)*Y(2,1)*cos(d(2)-d(1)-t(2,1))
                   +V(2)*V(3)*Y(2,3)*cos(d(2)-d(3)-t(2,3));
            J(3,2)= -V(2)*V(3)*Y(2,3)*cos(d(2)-d(3)-t(2,3));
            J(3,3)= V(1)*Y(2,1)*sin(d(2)-d(1)-t(2,1))
                   +2.0*V(2)*Y(2,2)*sin(-t(2,2))
                   +V(3)*Y(2,3)*sin(d(2)-d(3)-t(2,3));

            %disp('---Jacobian----');   disp(J);

            dP=PS-P;
            dQ=QS-Q;
            missmatch=[dP;dQ];
            %disp('---missmatch--dP dQ---');   disp(missmatch);

            dX=J \ missmatch;       %disp('----dX----');   disp(dX);

            d(2)=d(2)+dX(1);
            d(3)=d(3)+dX(2);
            V(2)=V(2)+dX(3);

            fprintf('%3d%9.6f%9.6f%9.6f  %9.6f%9.6f%9.6f¥n',
                     k,d(2),d(3),V(2),dP(1),dP(2),dQ);

    end

    V1=V(1)*cos(d(1))+j*V(1)*sin(d(1));
    V2=V(2)*cos(d(2))+j*V(2)*sin(d(2));
    V3=V(3)*cos(d(3))+J*V(3)*sin(d(3));
    fprintf('V1=(%9.6f)+j(%9.6f)¥n',real(V1),imag(V1));
    fprintf('V2=(%9.6f)+j(%9.6f)¥n',real(V2),imag(V2));
```

```
fprintf('V3=(%9.6f)+j(%9.6f)¥n',real(V3),imag(V3));
%(End of ntr.m)
```

② 実行結果

```
k     d(2)       d(3)      V(2)       dP(1)      dP(2)      dQ
1  -0.110677  -0.243253  1.022569   0.200000  -0.350000  0.210000
2  -0.107279  -0.238443  1.013760  -0.011344   0.006852 -0.038371
3  -0.107255  -0.238419  1.013673  -0.000090   0.000032 -0.000354

V1=(1.000000)+j(0.000000)
V2=(1.007848)+j(-0.108514)
V3=(1.068884)+j(-0.259783)
```

この結果は例題 4.5 の結果と一致している。

演 習 問 題

4.1 つぎの非線形方程式の解を NR 法で求めよ（$x = 0$ の解を除く）。ただし，$\varepsilon = 0.0001$，初期値を $x_0 = 5.0$ とせよ。
$$f(x) = x^2 - 2\sin(x) = 0$$

4.2 次式で示される二つの円の交点の一つを NR 法で求めよ。
$$(x_1 - 2)^2 + (x_2 - 2)^2 = 2^2$$
$$(x_1 - 5)^2 + (x_2 - 2)^2 = 2^2$$

ただし，許容誤差を $\varepsilon = 0.0001$ とし，初期値を $x_0 = [x_1(0)\ x_2(0)]^T = [3\ 3]^T$ とせよ。

4.3 図 4.6 のような電力システムについて，NR 法による潮流計算を行え。ただ

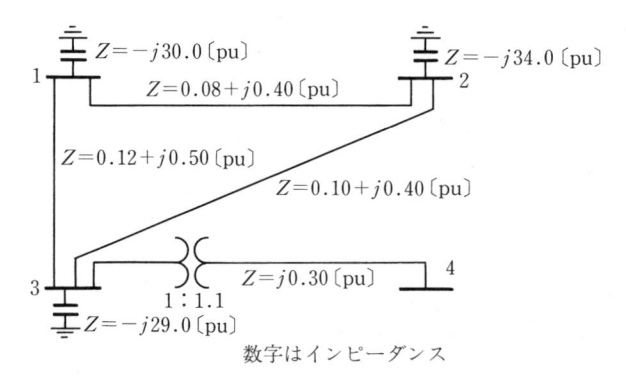

図 4.6 モデル系統

し，ノード指定条件は**表4.6**とする。また，収束判定精度は $\varDelta\delta_1 < 0.001$ 〔rad〕と $\varDelta|V_1| < 0.001$ 〔pu〕とせよ。

表4.6

ノード	指定条件	P	Q	$\|V\|$	δ
1	スラック	—	—	1.05	0
2	$P\text{-}Q$	-0.55	-0.13	—	—
3	$P\text{-}Q$	-0.30	-0.18	—	—
4	$P\text{-}V$	0.5	—	1.10	—

4.4 4.6節で示したNR法による潮流計算のプログラムを改造して，汎用的に使用できるようにせよ。

5 経済負荷配分

　火力発電所の発電機や電力システム内の発電所への経済的な負荷分担は，かなり古くから問題とされ，**経済負荷配分問題**（economic load dispatching problem）と呼ばれ，電力システムを運用する上での重要な業務の一つになっている。火力機の経済負荷配分問題は，**資源配分問題**（allocation problem）の型に属する最適化問題の一つであり，**ラグランジュ乗数法**（Lagrangian multiplier method）などを用いて解くことができる。

　また，この問題は水力発電所までも含めた**水火力系計画問題**（hydrothermal scheduling problem）や，発電機の起動停止までも考慮した**発電機起動停止問題**（unit commitment problem）に拡張されている。本章では，火力機の経済負荷配分問題を取り上げ，電力システムの最適化技術について説明する。

5.1 非線形最適化

　工学のいろいろな分野に出現する問題は，なんらかの関数（目的関数）を指定された変数に関して最小化（または最大化）するという問題に帰着されることが多い。扱う変数が制約を受けない場合は**無制約最適化問題**（unconstraint parameter optimization）といい，制約を受ける場合は**制約付き最適化問題**（constraint parameter optimization）という。**目的関数**（object function）と**制約条件**（constraint）のいずれかが非線形である最適化問題は，**非線形最適化問題**（nonlinear optimization problem）と呼ばれている。

5.1.1 無制約最適化

無制約最適化問題は，n 個の変数 x_1, x_2, $\cdots$, x_n からなる目的関数 $f(x_1, x_2, \cdots, x_n)$ を変数に制約が課さない条件のもとに最小化する問題である。

目的関数：$\min_{x_1, x_2, \cdots, x_n} f(x_1, x_2, \cdots, x_n)$ (5.1)

目的関数を最小化する必要条件は，変数に関して目的関数の一次偏導関数を零に置くことである。

$$\nabla f = 0 \tag{5.2}$$

ここで，∇f は**勾配ベクトル**（gradient vector）として知られており，式(5.3)で与えられる。

$$\nabla f = \left(\frac{\partial f}{\partial x_1}, \frac{\partial f}{\partial x_2}, \cdots, \frac{\partial f}{\partial x_n} \right) \tag{5.3}$$

さらに，二次偏導関数 H は対称行列で目的関数の**ヘシアン行列**（Hessian matrix）と呼ばれている。

$$H = \frac{\partial^2 f}{\partial x_i \partial x_j} \tag{5.4}$$

f の一次偏導関数が，極値 $\hat{x}_1$, $\hat{x}_2$, $\cdots$, $\hat{x}_n$ で**局所最小値**（local minimum）をとるためには，$\hat{x}_1$, $\hat{x}_2$, $\cdots$, $\hat{x}_n$ でのヘシアン行列が**正定行列**（positive definite matrix）でなければならない。正定行列であるための条件は，ヘシアン行列の $\hat{x}_1$, $\hat{x}_2$, $\cdots$, $\hat{x}_n$ でのすべての**固有値**（eigenvalue）が正であることである。もし，局所最小値が唯一であれば，**大域的最小値**（global minimum）となる。

例題 5.1 つぎの関数の局所最小値を求めよ。

$$f(x_1, x_2, x_3) = x_1^2 + 2x_2^2 + 3x_3^2 + x_1 x_2 + x_2 x_3 \\ - 8x_1 - 16x_2 - 32x_3 + 110$$

【解答】

$$\frac{\partial f}{\partial x_1} = 2x_1 + x_2 - 8 = 0, \quad \frac{\partial f}{\partial x_2} = x_1 + 4x_2 + x_3 - 16 = 0$$

$$\frac{\partial f}{\partial x_3} = x_2 + 6x_3 - 32 = 0$$

すなわち，極値は以下のようになる。

$$\begin{bmatrix} 2 & 1 & 0 \\ 1 & 4 & 1 \\ 0 & 1 & 6 \end{bmatrix} \begin{bmatrix} x_1 \\ x_2 \\ x_3 \end{bmatrix} = \begin{bmatrix} 8 \\ 16 \\ 32 \end{bmatrix} \quad \therefore \begin{bmatrix} \hat{x}_1 \\ \hat{x}_2 \\ \hat{x}_3 \end{bmatrix} = \begin{bmatrix} 3 \\ 2 \\ 5 \end{bmatrix}$$

したがって，その時の関数の値は，$f(3, 2, 5) = 2$ である。この極値が局所最小値であることを調べるには，ヘシアン行列を評価すればよい。

$$H(\hat{x}) = \begin{bmatrix} \frac{\partial^2 f}{\partial x_1^2} & \frac{\partial^2 f}{\partial x_1 \partial x_2} & \frac{\partial^2 f}{\partial x_1 \partial x_3} \\ \frac{\partial^2 f}{\partial x_2 \partial x_1} & \frac{\partial^2 f}{\partial x_2^2} & \frac{\partial^2 f}{\partial x_2 \partial x_3} \\ \frac{\partial^2 f}{\partial x_3 \partial x_1} & \frac{\partial^2 f}{\partial x_3 \partial x_2} & \frac{\partial^2 f}{\partial x_3^2} \end{bmatrix} = \begin{bmatrix} 2 & 1 & 0 \\ 1 & 4 & 1 \\ 0 & 1 & 6 \end{bmatrix}$$

この行列の固有値を求めると，$\lambda_1 = 1.54$，$\lambda_2 = 4.00$，$\lambda_3 = 6.45$ である。すべての固有値が正であるので，ヘシアン行列は正定行列であり，極値 (3, 2, 5) は局所最小値をとることがわかる。

（注：固有値は MATLAB のコマンドウィンドウで H = [2 1 0; 1 4 1; 0 1 6]; eig(H) とすれば求められる。）

5.1.2 制約条件付き最適化

制約条件付き最適化問題は，n 個の変数 x_1, x_2, $\cdots$, x_n からなる目的関数 $f(x_1, x_2, \cdots, x_n)$ を変数に制約が課された条件のもとに最小化する問題である。

$$\text{目的関数：} \min_{x_1, x_2, \cdots, x_n} f(x_1, x_2, \cdots, x_n) \tag{5.5}$$

$$\text{等式制約：} g_j(x_1, x_2, \cdots, x_n) = 0 \quad (j = 1, \cdots, k) \tag{5.6}$$

$$\text{不等式制約：} h_m(x_1, x_2, \cdots, x_n) \leq 0 \quad (m = 1, \cdots, l) \tag{5.7}$$

制約条件付き最適化問題を解くには，最終的に変数 x_1, x_2, $\cdots$, x_n を制約条件を満たす領域に閉じ込める必要がある。制約条件を満たす領域を，**実行可能領域**または**許容領域** (feasible region) という。このような問題については，つぎに示すように**ラグランジュ乗数法** (Lagrangian multiplier method) が適用できる。

まず，k個のラグランジュ乗数λ_jとl個のラグランジュ乗数μ_mを導入して，無制約の**ラグランジュ関数**（Lagrangian function）Lを式(5.8)のように定義する。Lはまた**拡張コスト関数**（argumented cost function）とも呼ばれる。

$$L = f + \sum_{j=1}^{k} \lambda_j g_j + \sum_{m=1}^{l} \mu_m h_m \tag{5.8}$$

ラグランジュ関数Lの制約付き局所最小解の必要条件は，**キューン-タッカーの必要条件**（Kuhn-Tucker necessary condition）として知られており，局所最小値を$\hat{x}$, $\hat{\lambda}$, $\hat{u}$とすると式(5.9)〜(5.12)で与えられる。

① $\dfrac{\partial L(\hat{x}, \hat{\lambda}, \hat{u})}{\partial x_i} = \dfrac{\partial f}{\partial x_i} + \sum_{j=1}^{k} \lambda_j \dfrac{\partial g_j}{\partial x_i} + \sum_{m=1}^{l} \mu_m \dfrac{\partial h_m}{\partial x_i} = 0$

$(i = 1, \cdots, n)$ \hfill (5.9)

② $\dfrac{\partial L(\hat{x}, \hat{\lambda}, \hat{\mu})}{\partial \lambda_j} = g_j(\hat{x}, \hat{\lambda}, \hat{\mu}) = 0 \quad (j = 1, \cdots, k)$ \hfill (5.10)

③ $\dfrac{\partial L(\hat{x}, \hat{\lambda}, \hat{\mu})}{\partial \mu_m} = h_m(\hat{x}, \hat{\lambda}, \hat{\mu}) \leq 0 \quad (m = 1, \cdots, l)$ \hfill (5.11)

④ $\mu_m \cdot h_m(\hat{x}, \hat{\lambda}, \hat{\mu}) = 0, \quad \mu_m > 0 \quad (m = 1, \cdots, l)$ \hfill (5.12)

ここで，式(5.10)は原問題の**等式制約**（equality constraints），式(5.11)は**不等式制約**（inequality constraints）そのものである。式(5.11)の不等式制約は，極値$\hat{x}_1, \hat{x}_2, \cdots, \hat{x}_n$で厳密に不等式が成立し，かつ$\mu_m = 0$であれば，**非有効**（inactive）といわれる。また，極値$\hat{x}_1, \hat{x}_2, \cdots, \hat{x}_n$で等式が成立（$\mu_m h_m = 0, \mu_m > 0$）するなら，**有効**（active）といわれる。

例題5.2 つぎの関数の局所最小値を求めよ。

目的関数：$f(x_1, x_2) = x_1^2 + x_2^2$

制約条件：$g(x_1, x_2) = (x_1 - 8)^2 + (x_2 - 6)^2 - 25 = 0$

$h(x_1, x_2) = 2x_1 + x_2 \leq 12$

【解答】 ラグランジュ関数Lは，次式となる。

$$L = x_1^2 + x_2^2 + \lambda\{(x_1 - 8)^2 + (x_2 - 6)^2 - 25\} + \mu(2x_1 + x_2 - 12)$$

ラグランジュ関数Lの局所最小化の必要条件は，次式で与えられる。

$$\frac{\partial L}{\partial x_1} = 2x_1 + 2\lambda(x_1 - 8) + 2\mu = 0$$

$$\frac{\partial L}{\partial x_2} = 2x_2 + 2\lambda(x_2 - 6) + \mu = 0$$

$$\frac{\partial L}{\partial \lambda} = (x_1 - 8)^2 + (x_2 - 6)^2 - 25 = 0$$

$$\frac{\partial L}{\partial \mu} = 2x_1 + x_2 - 12 = 0$$

最初の二つの式から μ を消去すると，$(x_1 - 2x_2)(1 + \lambda) + 4\lambda = 0$ が得られる。最後の式から，$x_2 = 12 - 2x_1$ となる。したがって

$$\begin{cases} x_1 = \dfrac{4\lambda + 4.8}{1 + \lambda} \\ x_2 = \dfrac{4\lambda + 2.4}{1 + \lambda} \end{cases}$$

が得られる。これを3番目の式に代入すると，次式が得られる。

$$\left(\frac{4\lambda + 4.8}{1 + \lambda} - 8\right)^2 + \left(\frac{4\lambda + 2.8}{1 + \lambda} - 6\right)^2 - 25 = 0 \quad \therefore \lambda^2 + 2\lambda + 0.36 = 0$$

したがって，$\lambda = -0.2, -1.8$ が得られるので，x_1 と x_2 に代入すると

$\lambda = -0.2$ に対して

$\quad (x_1, x_2) = (5, 2), \quad \mu = -5.6$

$\lambda = -1.8$ に対して

$\quad (x_1, x_2) = (3, 6), \quad \mu = -12$

となる。目的関数の値は，$(x_1, x_2) = (5, 2)$ に対して 29，$(x_1, x_2) = (3, 6)$ に対して 45 である。したがって，本問題の局所最小解は $(x_1, x_2) = (5, 2)$ である。

5.2 火力機の特性

火力発電機 (thermal unit) への入力は熱量〔kcal/h〕であり，出力は〔MW〕で計測される。**燃料消費率曲線** (heat-rate curve) として知られている火力発電機の入出力曲線を**図 5.1**(a)に示す。燃料消費率曲線の縦軸を熱量〔kcal/h〕から燃料費〔¥/h〕に変換すると，図(b)の**燃料費曲線** (fuel-cost curve) が得られる。

発電機 i の燃料費 F_i は式(5.13)のように発電出力 P_i の2次関数で近似されることが多い。

5.2 火力機の特性

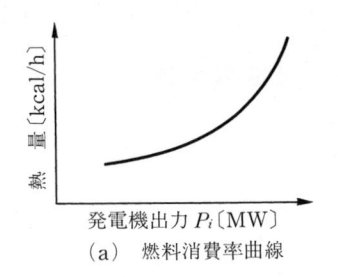

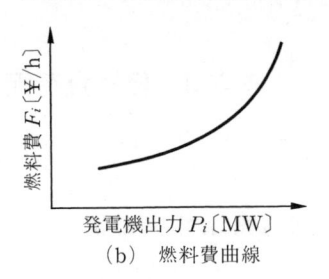

図 5.1 燃料消費率曲線と燃料費曲線

(a) 燃料消費率曲線
(b) 燃料費曲線

$$F_i(P_i) = \alpha_i + \beta_i P_i + \gamma_i P_i^2 \tag{5.13}$$

ただし，α_i, β_i, γ_i は発電機 i の燃料費係数である．

この燃料費の発電出力に関する導関数は，**増分燃料費**（incremental fuel-cost）と呼ばれ，単位発電量を出力するための燃料費を表す．すなわち，この値が小さい発電機ほど安価に発電できることを意味している．

$$\frac{dF_i}{dP_i} = \beta_i + 2\gamma_i P_i \tag{5.14}$$

また，増分燃料費を縦軸にした曲線は，**図 5.2** に示す**増分燃料費曲線**（incremental fuel-cost curve）として知られている．

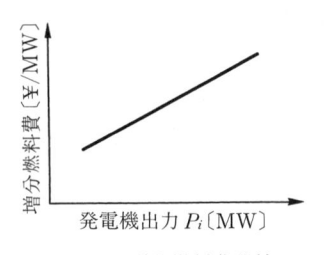

図 5.2 増分燃料費曲線

ところで，発電機の運転費用には，燃料費のほかに，運転員の人件費，発電所所内の使用電力料，発電機の補修費などが含まれる．これらの費用は，あらかじめ燃料費の中に固定費として組み込まれている．

5.3 経済負荷配分 (送電損失無視)

5.3.1 発電機出力限界無視

経済負荷配分問題の最も簡単なモデルは,送電損失と発電機出力限界を考慮しない場合である。すなわち,このモデルは図 5.3 のように共通母線に発電機と負荷が接続され,電力システムの構成を無視したものである。

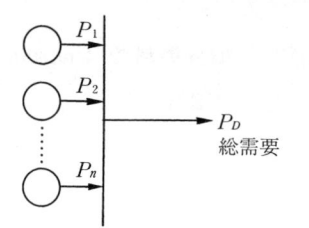

図 5.3 共通の母線に接続された発電機と負荷

このモデルの経済負荷配分は,送電線損失が無視されているので,総需要 P_D がすべての発電機の出力の合計に等しいという条件のもとで,総燃料費を最小化することである。したがって,この問題の定式化は式(5.15),(5.16)のようになる。

$$\text{目的関数}: F_T = \sum_{i=1}^{n} F_i = \sum_{i=1}^{n} (\alpha_i + \beta_i P_i + \gamma_i P_i^2) \tag{5.15}$$

$$\text{制約条件}: P_D - \sum_{i=1}^{n} P_i = 0 \tag{5.16}$$

この問題は前述のラグランジュ乗数法を用いて容易に解くことができる。まず,ラグランジュ関数 L は式(5.17)のようになる。

$$L = \sum_{i=1}^{n} F_i + \lambda \left(P_D - \sum_{i=1}^{n} P_i \right) \tag{5.17}$$

この無制約最小化は,ラグランジュ関数 L の偏導関数を零においた点で見出される。

$$\frac{\partial L}{\partial P_i} = \frac{\partial F_i}{\partial P_i} - \lambda = \beta_i + 2\gamma_i P_i - \lambda = 0 \quad (i = 1, \cdots, n) \tag{5.18}$$

$$\frac{\partial L}{\partial \lambda} = P_D - \sum_{i=1}^{n} P_i = 0 \tag{5.19}$$

すなわち，式(5.18)，(5.19)から n 個の P_i と 1 個の λ が決定できる．式(5.18)の意味するところは，各発電機の増分燃料費 $\partial F_i/\partial P_i$ が等しくなるように，各発電機の出力 P_i を選べばよいということである．この関係 $\partial F_i/\partial P_i = \lambda$ は**等増分燃料費則**（low of incremental fuel-cost）あるいは**等 λ 則**と呼ばれている．

式(5.18)より，各発電機の最適出力配分は式(5.20)で与えられる．

$$P_i = \frac{\lambda - \beta_i}{2\gamma_i} \tag{5.20}$$

この方程式は**協調方程式**（coordination equation）と呼ばれる．式(5.19)に式(5.20)を代入すると λ が求められる．

$$\sum_{i=1}^{n} \frac{\lambda - \beta_i}{2\gamma_i} = P_D \quad \therefore \lambda = \frac{P_D + \sum_{i=1}^{n} \frac{\beta_i}{2\gamma_i}}{\sum_{i=1}^{n} \frac{1}{2\gamma_i}} \tag{5.21}$$

この λ は**系統増分費**（system incremental cost）と呼ばれる．式(5.21)より λ を求め，式(5.20)に代入すると各発電機の出力が決定できる．

例題 5.3 燃料費用〔\$/h〕が次式で与えられる火力発電機があるとする．

$F_1 = 500 + 5.3 P_1 + 0.004 P_1^2$

$F_2 = 400 + 5.5 P_2 + 0.006 P_2^2$

$F_3 = 200 + 5.8 P_3 + 0.009 P_3^2$

総需要を 975〔MW〕として発電機の出力上下限制約を考慮しない場合の最適配分を求めよ．

【解答】 式(5.21)の系統増分費 λ を求めると次式のようになる．

$$\lambda = \frac{P_D + \sum_{i=1}^{n} \frac{\beta_i}{2\gamma_i}}{\sum_{i=1}^{n} \frac{1}{2\gamma_i}} = \frac{975 + \frac{5.3}{0.008} + \frac{5.5}{0.012} + \frac{5.8}{0.018}}{\frac{1}{0.008} + \frac{1}{0.012} + \frac{1}{0.018}} = \frac{975 + 1443.1}{263.9}$$

$$= 9.16$$

式(5.20)の協調方程式 $P_i = (\lambda - \beta_i)/2\gamma_i$ より，各発電機の出力は以下のように求められる。

$$P_1 = \frac{\lambda - \beta_1}{2\gamma_1} = \frac{9.16 - 5.3}{2 \times 0.004} = 483 \quad [\text{MW}]$$

$$P_2 = \frac{\lambda - \beta_2}{2\gamma_2} = \frac{9.16 - 5.5}{2 \times 0.006} = 305 \quad [\text{MW}]$$

$$P_3 = \frac{\lambda - \beta_3}{2\gamma_3} = \frac{9.16 - 5.8}{2 \times 0.009} = 187 \quad [\text{MW}]$$

また，この結果は $P_D = P_1 + P_2 + P_3 = 975$ [MW] となり，総需要を満足していることがわかる。

5.3.2 発電機出力限界考慮

つぎに，発電機の出力限界を考慮する場合の定式化は式(5.22)～(5.24)のようになる。

$$\text{目的関数}: F_T = \sum_{i=1}^{n} F_i = \sum_{i=1}^{n} (\alpha_i + \beta_i P_i + \gamma_i P_i^2) \tag{5.22}$$

$$\text{制約条件}: P_D - \sum_{i=1}^{n} P_i = 0 \quad (i = 1, \cdots, n) \tag{5.23}$$

$$P_i^{\min} \leq P_i \leq P_i^{\max} \quad (i = 1, \cdots, n) \tag{5.24}$$

ここで，$P_i^{\min}$ は最小出力，$P_i^{\max}$ は最大出力である。

この場合の最適配分の必要条件は，式(5.25)～(5.27)のように与えられる。（例えば，参考文献[21]参照）。

$$\frac{\partial L}{\partial P_i} = \lambda \quad (P_i^{\min} \leq P_i \leq P_i^{\max}) \tag{5.25}$$

$$\frac{\partial L}{\partial P_i} \leq \lambda \quad (P_i = P_i^{\max}) \tag{5.26}$$

$$\frac{\partial L}{\partial P_i} \geq \lambda \quad (P_i = P_i^{\min}) \tag{5.27}$$

例題 5.4 例題5.3の火力発電機に対して以下のような発電機出力制約を考慮した場合の最適配分を求めよ。

200 [MW] $\leq P_1 \leq 450$ [MW], $\quad 150$ [MW] $\leq P_2 \leq 350$ [MW]

100 [MW] $\leq P_3 \leq 225$ [MW]

【解答】 発電機出力制約を考慮しない場合の最適出力配分は，例題5.3の解答により，$P_1 = 483$〔MW〕, $P_2 = 305$〔MW〕, $P_3 = 187$〔MW〕, $\lambda = 9.16$ である。しかし，発電機1は最大出力違反となっているので，$P_1 = 450$〔MW〕に固定してみる。この場合の増分燃料費を求めるとつぎのようになる。

$$\left.\frac{dF_1}{dP_1}\right|_{P_1=450} = \beta_1 + 2\gamma_1 P_1 |_{P_1=450} = 8.9 < \lambda$$

したがって，式(5.26)より発電機1の最適出力は最大出力の$P_1 = 450$〔MW〕にすればよいことがわかる。一方，発電機2, 3の出力は，以下の方程式から求めることができる。

$$\begin{cases} \dfrac{dF_2}{dP_2} = \beta_2 + 2\gamma_2 P_2 = 5.5 + 0.012 P_2 = \lambda \\ \dfrac{dF_3}{dP_3} = \beta_3 + 2\gamma_3 P_3 = 5.8 + 0.018 P_3 = \lambda \\ 450 + P_2 + P_3 = 975 \end{cases}$$

$$\therefore P_2 = 325 \text{〔MW〕}, \quad P_3 = 200 \text{〔MW〕}, \quad \lambda = 9.4$$

したがって，発電機1は式(5.26)を満足し，発電機2, 3は式(5.25)を満足しているので，最適配分になっていることがわかる。

5.4 経済負荷配分（送電損失考慮）

5.4.1 定式化

送電線亘長が短く需要密度が高い場合には，**送電損失**（transmission loss）を無視することができ，火力機の経済負荷配分問題は等増分燃料費則により決定できる。しかし，送電線亘長が長く需要密度が低い電力システムでは，火力機の経済負荷配分の決定時には送電損失を無視することができない。

通常，送電損失は発電出力の2次関数として式(5.28)のように与えられる。

$$P_L = \sum_{i=1}^{n}\sum_{j=1}^{n} P_i B_{ij} P_j + \sum_{i=1}^{n} B_{0i} P_i + B_{00} \tag{5.28}$$

ここで，B_{ij} は**損失係数**（loss coefficients）または **B 係数**（B-coefficients）と呼ばれる。

このモデルの経済負荷配分は，総需要 P_D と送電損失 P_L の合計がすべての

発電機の出力の合計に等しいという条件のもとで，総燃料費を最小化することである．したがって，この問題の定式化は式(5.29)〜(5.31)のようになる．

目的関数： $F_T = \sum_{i=1}^{n} F_i = \sum_{i=1}^{n}(\alpha_i + \beta_i P_i + \gamma_i P_i^2)$ (5.29)

制約条件： $P_D + P_L - \sum_{i=1}^{n} P_i = 0$ (5.30)

$$P_i^{\min} \leq P_i \leq P_i^{\max} \quad (i = 1, \cdots, n)$$ (5.31)

ラグランジュ関数 L は式(5.32)のようになる．

$$L = \sum_{i=1}^{n} F_i + \lambda(P_D + P_L - \sum_{i=1}^{n} P_i) + \mu_i^{\min}(P_i - P_i^{\min})$$
$$+ \mu_i^{\max}(P_i - P_i^{\max})$$ (5.32)

ここで，$P_i > P_i^{\min}$ の場合には $\mu_i^{\min} = 0$，$P < P_i^{\max}$ の場合には $\mu_i^{\max} = 0$ である．すなわち，制約違反がない場合には，μ が零となり対応する項は存在しないことになる．

ラグランジュ関数 L の最小化は，偏導関数を零と置いて得られる．

$$\frac{\partial L}{\partial P_i} = 0$$ (5.33)

$$\frac{\partial L}{\partial \lambda} = 0$$ (5.34)

$$\frac{\partial L}{\partial \mu_i^{\min}} = P_i - P_i^{\min} = 0$$ (5.35)

$$\frac{\partial L}{\partial \mu_i^{\max}} = P_i - P_i^{\max} = 0$$ (5.36)

P_i が出力限界以内にある場合には，$\mu_i^{\min} = \mu_i^{\max} = 0$ であるから，式(5.33)から式(5.37)が得られる．

$$\frac{\partial F_T}{\partial P_i} + \lambda\left(\frac{\partial P_L}{\partial P_i} - 1\right) = 0$$ (5.37)

ここで

$$\frac{\partial F_T}{\partial P_i} = \frac{dF_i}{dP_i}$$

であるから，最適出力配分の条件は式(5.38)となる．

5.4 経済負荷配分（送電損失考慮）

$$\frac{dF_i}{dP_i} + \lambda \frac{\partial P_L}{\partial P_i} = \lambda \quad (i = 1, \cdots, n) \tag{5.38}$$

ここで，$\partial P_L/\partial P_i$ は**増分送電損失**（incremental transmission loss）として知られている。

式(5.38)は，また式(5.39)のように表されることが多い。

$$\left(\frac{1}{1 - \frac{\partial P_L}{\partial P_i}}\right) \frac{dF_i}{dP_i} \equiv PF_i \frac{dF_i}{dP_i} = \lambda \quad (i = 1, \cdots, n) \tag{5.39}$$

ここで，PF_i は発電機 i の**ペナルティ係数**（penalty factor）と呼ばれている。

$$PF_i = \frac{1}{1 - \frac{\partial P_L}{\partial P_i}} \tag{5.40}$$

したがって，送電損失を考慮した火力機の最適配分は，各発電機の増分燃料費にペナルティ係数を掛けたものがすべての発電機で等しくなった場合に得られることがわかる。

式(5.34)から式(5.41)が得られるが，これは等式制約に一致している。

$$\sum_{i=1}^{n} P_i = P_D + P_L \tag{5.41}$$

ところで，発電機 i の増分燃料費と増分送電線損失は式(5.42)，(5.43)で与えられている。

$$\frac{\partial F_i}{\partial P_i} = \beta_i + 2\gamma_i P_i \tag{5.42}$$

$$\frac{\partial P_L}{\partial P_i} = 2 \sum_{j=1}^{n} B_{ij} P_j + B_{0i} \tag{5.43}$$

したがって，式(5.38)は式(5.44)のように表される。

$$\beta_i + 2\gamma_i P_i + 2\lambda \sum_{j=1}^{n} B_{ij} P_j + \lambda B_{0i} = \lambda$$

$$\therefore \left(\frac{\gamma_i}{\lambda} + B_{ii}\right) P_i + \sum_{\substack{j=1 \\ j \neq i}}^{n} B_{ij} P_j = \frac{1}{2}\left(1 - B_{0i} - \frac{\beta_i}{\lambda}\right) \tag{5.44}$$

式(5.44)を行列の形で表すと式(5.45)が得られる。

$$\begin{bmatrix} \frac{\gamma_1}{\lambda}+B_{11} & B_{12} & \cdots & B_{1n} \\ B_{21} & \frac{\gamma_2}{\lambda}+B_{22} & \cdots & B_{2n} \\ \vdots & \vdots & \ddots & \vdots \\ B_{n1} & B_{n2} & \cdots & \frac{\gamma_n}{\lambda}+B_{nn} \end{bmatrix} \begin{bmatrix} P_1 \\ P_2 \\ \vdots \\ P_n \end{bmatrix} = \frac{1}{2}\begin{bmatrix} 1-B_{01}-\frac{\beta_1}{\lambda} \\ 1-B_{02}-\frac{\beta_2}{\lambda} \\ \vdots \\ 1-B_{0n}-\frac{\beta_n}{\lambda} \end{bmatrix}$$

(5.45)

式(5.45)を λ の推定値に対して解くと,各発電機の出力を求めることができる。具体的な解法についてつぎに説明する。

5.4.2 ラムダ反復法

送電損失を考慮した経済負荷配分の解法として用いられる**ラムダ反復法**(Lambda-iteration method) を説明する。ラムダ反復法は,増分燃料費 $\lambda^{(k)}$ (k:反復回数) の推定値に対して,反復法により $P_i^{(k)}$ を求める方法である。

式(5.44)より, $P_i^{(k)}$ を求めると式(5.46)が得られる。

$$P_i^{(k)} = \frac{\lambda^{(k)}(1-B_{0i})-\beta_i-2\lambda^{(k)}\sum_{j=1,j\neq i}^{n}B_{ij}P_j^{(k)}}{2(\gamma_i+\lambda^{(k)}B_{ii})} \tag{5.46}$$

ここで, $P_i^{(k)}$ は λ の関数であるので式(5.41)は式(5.47)のように表される。

$$f(\lambda)^{(k)} = \sum_{i=1}^{n}P_i^{(k)} = P_D+P_L^{(k)} \tag{5.47}$$

式(5.47)の左辺を $\lambda^{(k)}$ の回りでテイラー級数展開し2次以降の項を無視すると以下のようになる。

$$f(\lambda)^{(k)} + \left(\frac{df(\lambda)}{d\lambda}\right)^{(k)}\varDelta\lambda^{(k)} = P_D+P_L^{(k)} \tag{5.48}$$

したがって, λ の変化分は式(5.49)で計算できる。

$$\varDelta\lambda^{(k)} = \frac{P_D+P_L^{(k)}-f(\lambda)^{(k)}}{\left(df(\lambda)/d\lambda\right)^{(k)}} = \frac{\varDelta P^{(k)}}{\sum_{i=1}^{n}\left(dP_i/d\lambda\right)^{(k)}} \tag{5.49}$$

また, λ の更新式は式(5.50)で与えられる。

$$\lambda^{(k+1)} = \lambda^{(k)} + \Delta\lambda^{(k)} \tag{5.50}$$

この反復計算により，$\Delta P^{(k)}$ があらかじめ決められている収束判定精度以内になれば終了する。

以上のラムダ反復法の手続きをまとめると以下のようになる。

【ラムダ反復法】

(**step 1**)　$k = 0$ とし，λ の初期値 $\lambda^{(0)}$ をセットする。

(**step 2**)　各発電機出力 $P_i^{(k)}$ を次式により計算する。

$$P_i^{(k)} = \frac{\lambda^{(k)}(1 - B_{0i}) - \beta_i - 2\lambda^{(k)}\sum_{j=1, j \neq i}^{n} B_{ij}P_j^{(k)}}{2(\gamma_i + \lambda^{(k)}B_{ii})}$$

この際，発電機上下限制約を考慮する。

(**step 3**)　$\Delta P^{(k)}$ を次式により計算する。

$$\Delta P^{(k)} = P_D + P_L - \sum_{i=1}^{n} P_i^{(k)}$$

(**step 4**)　$\Delta P^{(k)}$ が収束判定精度 ε より小さいなら現在の $P_i^{(k)}$ を最適出力配分として終了する。そうでなければ，(step 5)へ進む。

(**step 5**)　$\Delta\lambda^{(k)}$ を次式により計算する。

$$\Delta\lambda^{(k)} = \frac{\Delta P^{(k)}}{\sum_{i=1}^{n}\left(\dfrac{dP_i}{d\lambda}\right)^{(k)}}$$

(**step 6**)　λ を次式により更新する。

$$\lambda^{(k+1)} = \lambda^{(k)} + \Delta\lambda^{(k)}$$

(**step 7**)　$k = k + 1$ として，(step 2)へ戻る。

演 習 問 題

5.1　以下の制約条件付き最適化問題をラグランジュ乗数法により求めよ。
　　　目的関数　$f(x, y) = 2x^2 y$ の最大化
　　　制約条件　$g(x, y) = 4x^2 + 6xy - 432 = 0$

5.2　以下の制約条件付き最適化問題をラグランジュ乗数法により求めよ。

目的関数　$f(x, y) = x^2 + y^2$ の最小化
制約条件　$g(x, y) = x^2 - 5x - y^2 + 20 = 0$
　　　　　$h(x, y) = 2x + y \geq 6$

5.3 つぎに示す燃料費特性を持つ発電機からなる電力システムがある。
$$F_1 = 561 + 7.92P_1 + 0.00156\,2P_1^2$$
$$F_2 = 310 + 7.85P_2 + 0.001\,94P_2^2$$
$$F_3 = 78 + 7.97P_3 + 0.004\,82P_3^2$$

（1）総需要 850 MW を供給する場合の各発電機の出力を求めよ。ただし，発電機の上下限出力制約を考慮しないものとする。

（2）送電損失が下記で表される場合において，総需要 850 MW を供給する場合の各発電機の出力を求めよ。ただし，発電機の上下限出力制約を考慮しないものとする。
$$P_{Loss} = 0.000\,03P_1^2 + 0.000\,09P_2^2 + 0.000\,12P_3^2$$

6 電力系統の安定度

　電力系統の安定度解析手法は，発電機の同期運転の可否を論じる**位相角安定度**（angle stability）と電圧崩壊の有無を論じる**電圧安定度**（voltage stability）に大別されている。位相角安定度は，さらに小外乱を対象とする**定態安定度**（steady-state stability）と大外乱を対象とする**過渡安定度**（transient stability）に関するものに分類される。

　ここで，小外乱とは負荷の微増，制御系（調速機，自動電圧調整器など）の設定値の微小変更であり，大外乱とは系統事故とそれに伴う線路の開閉操作や大電源の脱落などを意味する。電圧安定度は，近年，欧米や日本で発生した電圧低下現象による広域停電を契機に検討が行われるようになった**電圧崩壊**（voltage collapse）の有無を論じるものである。

6.1　動揺方程式

　同期発電機の定常運転状態では，回転子の軸と発生磁束の軸との相対位置は一定である。両者の角度は，**相差角**（power angle）として知られている。**外乱**（disturbance）が加わると，回転子は加速したり減速したりし，相差角が動揺する。このような相差角の動揺を記述する方程式は**動揺方程式**（swing equation）と呼ばれている。

　いま，同期角速度 ω_{sm} で電気的トルク T_e を発生している同期発電機を考えてみる。発電機を駆動している機械的トルクを T_m とすると，損失を無視した定常運転状態では式(6.1)が成立する。

$$T_m = T_e \tag{6.1}$$

この発電機に外乱が加わると,回転子は加速($T_m > T_e$)あるいは減速($T_m < T_e$)トルク T_a が発生する。

$$T_a = T_m - T_e \tag{6.2}$$

J を回転系の**慣性能率**(inertia)とし,摩擦を無視すると,つぎの回転子の運動方程式が得られる。

$$J\frac{d^2\theta_m}{dt^2} = T_a = T_m - T_e \tag{6.3}$$

ここで,θ_m は固定子の軸に対する回転子の角度である。

ω_{sm} を同期角速度とし,δ_m を外乱発生前の $t = 0$ における回転子の位置とすると,回転子の角度は式(6.4)となる。

$$\theta_m = \omega_{sm}t + \delta_m \tag{6.4}$$

式(6.4)を微分すると,回転子の回転角速度は式(6.5)となる。

$$\omega_m = \frac{d\theta_m}{dt} = \omega_{sm} + \frac{d\delta_m}{dt} \tag{6.5}$$

また,回転子の回転角の加速度は式(6.6)となる。

$$\frac{d\omega_m}{dt} = \frac{d^2\theta_m}{dt^2} = \frac{d^2\delta_m}{dt^2} \tag{6.6}$$

式(6.6)を式(6.3)に代入すると式(6.7)が得られる。

$$J\frac{d^2\delta_m}{dt^2} = T_m - T_e \tag{6.7}$$

式(6.7)の両辺に ω_m を掛けると式(6.8)のようになる。

$$J\omega_m\frac{d^2\delta_m}{dt^2} = \omega_m T_m - \omega_m T_e \tag{6.8}$$

また,角速度 × トルクは電力になるので,式(6.8)は式(6.9)のようになる。

$$J\omega_m\frac{d^2\delta_m}{dt^2} = P_m - P_e \tag{6.9}$$

ここで,$J\omega_m$ は**慣性定数**(inertia constant)と呼ばれ,通常 M で表されている。

一方,回転子の機械的エネルギー W_k は式(6.10)で表される。

$$W_k = \frac{1}{2} J\omega_m{}^2 = \frac{1}{2} M\omega_m \tag{6.10}$$

慣性定数 M は同期角速度からずれた場合には，定数とはならないが，安定度が維持されている場合には ω_m は大きく変動しないために，一定値として扱われる。

$$M = \frac{2W_k}{\omega_{sm}} \tag{6.11}$$

この慣性定数 M を用いると，式(6.9)よりつぎの動揺方程式が得られる。

$$M \frac{d^2 \delta_m}{dt^2} = P_m - P_e \tag{6.12}$$

ところで，電気的な位相角 δ と機械的な角度 δ_m との間には，p を同期発電機の極数とするとつぎの関係がある。

$$\delta = \frac{p}{2} \delta_m \tag{6.13}$$

$$\omega = \frac{p}{2} \omega_m \tag{6.14}$$

したがって，動揺方程式は電気的な位相角 δ を用いて式(6.15)のように表現できる。

$$\frac{2}{p} M \frac{d^2 \delta}{dt^2} = P_m - P_e \tag{6.15}$$

さらに，動揺方程式を単位法で表すために，M を式(6.11)で置き換え，両辺を基準容量 S_B で割ると式(6.16)となる。

$$\frac{2}{p} \frac{2W_k}{\omega_{sm} \cdot S_B} \frac{d^2 \delta}{dt^2} = \frac{P_m}{S_B} - \frac{P_e}{S_B} \tag{6.16}$$

ここで，**単位慣性能率定数**（per unit inertia constant）

$$H = \frac{W_k}{S_B} \tag{6.17}$$

を用いると，動揺方程式は式(6.18)のようになる。

$$\frac{2}{p} \frac{2H}{\omega_{sm}} \frac{d^2 \delta}{dt^2} = P_{m\ pu} - P_{e\ pu} \tag{6.18}$$

また，式(6.14)より $\omega_{sm} = (2/p)\omega_s$ の関係を用いると，電気的角速度で表した動揺方程式は式(6.19)のようになる。

$$\frac{2H}{\omega_s}\frac{d^2\delta}{dt^2} = P_{m\,pu} - P_{e\,pu} \tag{6.19}$$

さらに，周波数 f_0 を用いると式(6.20)で表される。

$$\frac{H}{\pi f_0}\frac{d^2\delta}{dt^2} = P_{m\,pu} - P_{e\,pu} \tag{6.20}$$

6.2 一機無限大母線系統モデル

定態安定度は，負荷を徐々に増加していった場合に安定な運転を行うことのできる度合いをいい，その極限電力を**定態安定極限電力**（steady-state stability power limit）という。電力系統は多くの発電機や送電線，そして需要家などから構成される複雑なシステムであるので，このままでは数学的手法を用いて安定度解析をするのは困難である。したがって，通常，非常に大きなシステム（無限大母線）に同期発電機が送電線を介してつながっているような単純化した**一機無限大母線系統**（single-machine infinite bus system）のモデルを用いて安定度の概念が説明されている。

以下，定態安定度の概念をつかむために，図 6.1 に示すような一つの同期発電機が無限大母線に変圧器と送電線を介して接続されているモデルを用いて説明する。

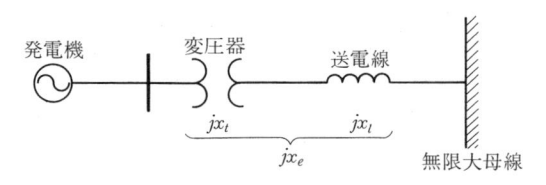

図 6.1 一機無限大母線系統

6.3 定態安定度

同期発電機は回転子の磁極構造によってタービン発電機のような**非突極形**（nonsalient-pole type）あるいは**円筒形**（round-rotor type）と，水車発電機のような**突極形**（salient-pole type）とに大別され，それぞれ発生電力に違いがある．

6.3.1 非突極形（円筒形）同期発電機

3相平衡状態では，同期発電機と電力システムの正相回路のみに着目すればよい．ここでは，簡単のために回路の抵抗分を無視すると，このシステムは図6.2のように示される．

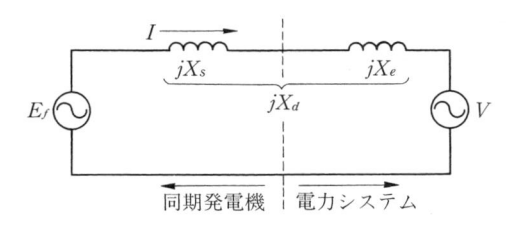

図6.2 一機無限大母線系統（正相回路）

図より式(6.21)が得られる．

$$E_f = jX_d I + V \tag{6.21}$$

ここで

$E_f = |E_f| \angle \delta$ ： 同期発電機の内部誘起電圧

$V = |V| \angle 0°$ ： 同期発電機の端子電圧

$I = |I| \angle (-\phi)$ ： 同期発電機の端子電流

δ ： 相差角

$X_d = X_s + X_e$ ： 同期リアクタンス X_s とシステムリアクタンス X_e の合計である．

6. 電力系統の安定度

電力システムに供給される複素電力は次式で与えられる。

$$S = P + jQ = V\bar{I} = V\left(\frac{\overline{E_f} - \overline{V}}{-jX_d}\right)$$

$$= \frac{|V||E_f|}{X_d} \angle (90° - \delta) - j\frac{|V|^2}{X_d}$$

$$= \frac{|V||E_f|}{X_d} \{\cos(90° - \delta) + j\sin(90° - \delta)\} - j\frac{|V|^2}{X_d}$$

$$= \frac{|V||E_f|}{X_d} \sin\delta + j\left(\frac{|V||E_f|}{X_d} \cos\delta - \frac{|V|^2}{X_d}\right)$$

よって，有効電力 P と無効電力 Q は式(6.22)，(6.23)となる。

$$P = \frac{|V||E_f|}{X_d} \sin\delta \tag{6.22}$$

$$Q = \frac{|V||E_f|}{X_d} \cos\delta - \frac{|V|^2}{X_d} \tag{6.23}$$

式(6.22)，(6.23)で表される P と Q がそれぞれ同期発電機から電力システムに供給される有効電力と無効電力であるが，$|V|$，$|E_f|$，X_d が定数であることに注意すると，われわれが制御できるのは唯一相差角 δ であることがわかる。δ に対する P と Q の変化の様子を図 6.3 に示す。この図は**電力相差角曲線**（power-angle curve）と呼ばれている。図よりわかるように，その極限電力 $P_{\max}$ は定態安定極限電力と呼ばれ，式(6.24)で与えられる。

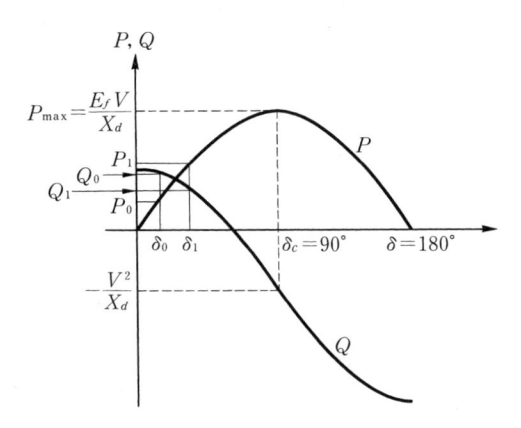

図 6.3　電力相差角曲線（非突極形同期発電機）

$$P_{\max} = \frac{|E_f||V|}{X_d} \tag{6.24}$$

また，対応する相差角を**臨界相差角** δ_c という．

$$\delta_c = 90° \tag{6.25}$$

6.3.2 突極形同期発電機

図 6.4 に 2 極の 3 相発電機の回転子と電気諸量との関係を示す．同期発電機の特性を数式で表現するときには，同期発電機の回転子の上に回転座標をとると都合がよい．そのようにすると，定常状態では回転子とそれにより発生する磁界，電圧，電流などが，つねに一定の関係を保って回転するので解析が容易になる．同期速度 ω で回転する回転子の磁極 d の方向を**直軸**（direct-axis），これより電気角で 90° 位相の遅れた q の方向を**横軸**（quadrature-axis）と呼ぶ．直軸は d 軸，横軸は q 軸ともいわれている．突極機では d 軸と q 軸とで磁気回路の抵抗が異なるので，同期リアクタンス X_s も**直軸リアクタンス**（direct-axis synchronous reactance）X_d と**横軸リアクタンス**（quadrature-axis synchronous reactance）X_q に分けて考えなければならない．ただし，

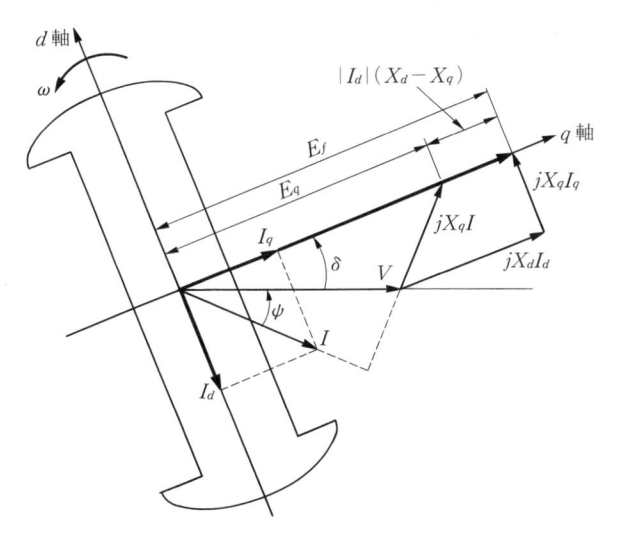

図 6.4 突極形同期発電機機のベクトル図

前述の非突極形同期発電機の回転子では，$X_d = X_q$ である。この X_d と X_q は，通常同期発電機のパラメータとして与えられる。固定子の抵抗を無視すると，同期発電機の内部誘起電圧 E_f は式(6.26)で与えられる。

$$E_f = jX_dI_d + jX_qI_q + V \tag{6.26}$$

ここで

$$I_d = |I_d| \angle (\delta - 90°) \quad : \quad I \text{ の } d \text{ 軸成分}$$

$$I_q = |I_q| \angle (\delta) \quad : \quad I \text{ の } q \text{ 軸成分}$$

である。

さて，この E_f を端子電圧 V と負荷条件（負荷容量 S と力率 pf）と同期リアクタンス X_d, X_q より求める。$V = |V| \angle 0°$ とすると式(6.27)～(6.29)が成立する。

$$|I| = \frac{S}{|V|} \tag{6.27}$$

$$\psi = \pm \cos^{-1}(pf) \tag{6.28}$$

$$I = |I| \angle (-\psi) \tag{6.29}$$

つぎに，I を I_d と I_q に分解するために δ を決定する。

$$I_q = I - I_d \tag{6.30}$$

式(6.26)に式(6.30)を代入し，I_q を消去すると式(6.31)のようになる。

$$E_f = jX_dI_d + jX_q(I - I_d) + V = j(X_d - X_q)I_d + jX_qI + V$$
$$= j(X_d - X_q)I_d + E_q \tag{6.31}$$

ただし，E_q は式(6.32)で表される。

$$E_q = jX_qI + V \tag{6.32}$$

ここで，式(6.32)の E_q は右辺の値がすべて既知であるので計算が可能である。

式(6.31)の右辺第1項は，式(6.33)のようになり q 軸に一致することがわかる。

$$j(X_d - X_q)I_d = (X_d - X_q)|I_d| \angle (90° + \delta - 90°)$$
$$= (X_d - X_q)|I_d| \angle \delta \tag{6.33}$$

さらに，$E_f = |E_f| \angle \delta$ も q 軸上にあるので，E_q は q 軸上にあることがわかる。すなわち，δ は E_q の角度であるから式(6.34)より決定することができる。

6.3 定態安定度

$$\delta = \text{Arg}(E_q) \tag{6.34}$$

さて，δ が決定できたので，式(6.35)〜(6.37)のように同期発電機の内部誘起電圧 E_f を求めることができる．

$$|I_d| = |I| \sin(\delta + \psi) \tag{6.35}$$

$$|E_f| = |E_q| + (X_d - X_q)|I_d| \tag{6.36}$$

$$E_f = |E_f| \angle \delta \tag{6.37}$$

つぎに，電力システムに供給される複素電力は以下のように求めることができる．(図6.4より $|V|\sin\delta = X_q|I_q|$, $|V|\cos\delta = |E_f| - X_d|I_d|$ であることに注意)．

$$\begin{aligned}
S = P + jQ &= V\overline{I} = |V|(\overline{I}_q + \overline{I}_d) \\
&= |V|\{|I_q|\angle(-\delta) + j|I_d|\angle(-\delta)\} \\
&= |V|\angle(-\delta)(|I_q| + j|I_d|) \\
&= (|V|\cos\delta - j|V|\sin\delta)\left(\frac{|V|\sin\delta}{X_q} + j\frac{|E_f| - |V|\cos\delta}{X_d}\right) \\
&= \frac{|V|^2 \sin\delta \cos\delta}{X_q} + \frac{|V|\sin\delta(|E_f| - |V|\cos\delta)}{X_d} \\
&\quad + j\left\{\frac{|V|\cos\delta(|E_f| - |V|\cos\delta)}{X_d} - \frac{|V|^2 \sin^2\delta}{X_q}\right\} \\
&= \frac{|E_f||V|}{X_d}\sin\delta + \frac{|V|^2 \sin 2\delta}{2X_d X_q}(X_d - X_q) \\
&\quad + j\left\{\frac{|V||E_f|\cos\delta}{X_d} + \frac{|V|^2 \cos 2\delta}{2X_d X_q}(X_d - X_q)\right. \\
&\quad \left. - \frac{|V|^2}{2X_d X_q}(X_d + X_q)\right\} \tag{6.38}
\end{aligned}$$

よって，有効電力 P と無効電力 Q は式(6.39)，(6.40)で表される．

$$\begin{aligned}
P &= \frac{|E_f||V|}{X_d}\sin\delta + \frac{|V|^2(X_d - X_q)}{2X_d X_q}\sin 2\delta \\
&\equiv S_1 \sin\delta + S_2 \sin 2\delta
\end{aligned} \tag{6.39}$$

$$Q = \frac{|E_f||V|\cos\delta}{X_d} + \frac{|V|^2(X_d - X_q)}{2X_d X_q}\cos 2\delta$$

$$-\frac{|V|^2}{2X_dX_q}(X_d+X_q)$$

$$\equiv S_1\cos\delta + S_2\cos 2\delta - Q_0 \tag{6.40}$$

ここで，2δの項は**磁気抵抗項**（reluctance term）と呼ばれ，回転子の突極性によるものである。もし，$X_d = X_q$なら，式(6.39)，(6.40)は非突極機に対する式(6.22)，(6.23)と同一になる。図 **6.5** に示すように，突極形同期発電機の定態安定極限電力 $P_{\max}$ は $\pi/2$ よりも小さい相差角で発生する。

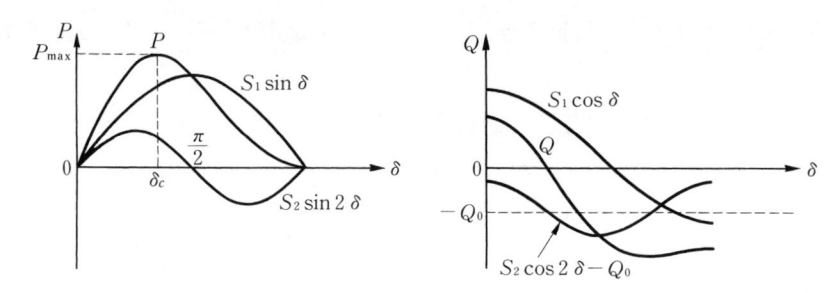

図 **6.5** 電力相差角曲線（突極形同期発電機）

6.3.3 多機系統の定態安定度

多機系統の定態安定度の判別は，一般に発電機の動揺方程式を運転点で線形化し，システム方程式の係数行列の固有値を調べることによって行われている。すなわち，システムが安定であるための条件は，すべての固有値の実部が正とならないことである。N 機からなる電力システムにおいて，発電機 i の動揺方程式は式(6.41)で与えられる（例えば，参考文献[18]参照）。

$$M_i\frac{d^2\delta_i}{dt^2} + D_i\frac{d\delta_i}{dt} = P_{M_i} - P_{E_i} \quad (i=1,2,\cdots,N) \tag{6.41}$$

ここで

M_i：発電機 i の慣性定数

D_i：発電機 i の制動係数

δ_i：発電機 i の内部誘起起電力の基準軸に対する相差角

P_{M_i}：発電機 i の機械的入力

P_{Ei}：発電機 i の電気的出力

である。

式(6.41)において，制動項を無視し，P_{Mi} を一定とし，δ_i と P_{Ei} の微少変異をそれぞれ $\varDelta\delta_i$ と $\varDelta P_{Ei}$ とすると，微少変化に対する動揺方程式は式(6.42)となる。

$$M_i \frac{d^2 \varDelta\delta_i}{dt^2} = -\varDelta P_{Ei} \qquad (i = 1, 2, \cdots, N) \tag{6.42}$$

すなわち，定態安定度を考慮する場合は発電機出力変化 $\varDelta P_{Ei}$ を決定する独立変数は $\varDelta\delta_i$ のみである。したがって，相差角の微少変化に対して線形近似で発電機の出力変化は式(6.43)のように表される。

$$\varDelta P_{Ei} = \frac{\partial P_{E1}}{\partial \delta_1} \varDelta\delta_1 + \frac{\partial P_{E2}}{\partial \delta_2} \varDelta\delta_2 + \cdots + \frac{\partial P_{EN}}{\partial \delta_N} \varDelta\delta_N \tag{6.43}$$

一方，電力システムの電力方程式は，式(4.2)で示したようにノード i に関して式(6.44)で与えられる。

$$P_{Ei} + jQ_{Ei} = \sum_{j=1}^{N} V_i \overline{V}_j \overline{Y}_{ij} \tag{6.44}$$

ここで，$V_i = |V_i| \angle \delta_i$, $V_j = |V_j| \angle \delta_j$, $Y_{ij} = |Y_{ij}| \angle \theta_{ij}$ である。したがって，式(6.45)が得られる。

$$P_{Ei} = \sum_{j=1}^{N} |V_i||V_j||Y_{ij}| \cos(\delta_i - \delta_j - \theta_{ij}) \tag{6.45}$$

ここで

$$K_{ij} = -\frac{\partial P_{Ei}}{\partial \delta_j} \quad (i \neq j), \qquad J_{ii} = \frac{\partial P_{Ei}}{\partial \delta_i} \tag{6.46}$$

とすると，式(6.43)は式(6.47)のような行列形式で表される。

$$\begin{bmatrix} \varDelta P_{E1} \\ \varDelta P_{E2} \\ \vdots \\ \varDelta P_{EN} \end{bmatrix} = \begin{bmatrix} J_{11} & -K_{12} & \cdots & -K_{1N} \\ -K_{21} & J_{22} & \cdots & -K_{2N} \\ \vdots & \vdots & \ddots & \vdots \\ -K_{N1} & -K_{N2} & \cdots & J_{KN} \end{bmatrix} \begin{bmatrix} \varDelta\delta_1 \\ \varDelta\delta_2 \\ \vdots \\ \varDelta\delta_N \end{bmatrix} \tag{6.47}$$

ここで

$$K_{ij} = |V_i||V_j||Y_{ij}| \sin(\delta_i - \delta_j - \theta_{ij}), \qquad J_{ii} = \sum_{\substack{j=1 \\ j \neq i}}^{N} K_{ij} \tag{6.48}$$

また、$s = \partial/\partial t$ とおけば、式(6.42)と式(6.47)から、式(6.49)が得られる。

$$\begin{bmatrix} M_1 \cdot s^2 + J_{11} & -K_{12} & \cdots & -K_{1N} \\ -K_{21} & M_2 \cdot s^2 + J_{22} & \cdots & -K_{2N} \\ \vdots & \vdots & \ddots & \vdots \\ -K_{N1} & -K_{N2} & \cdots & M_N \cdot s^2 + J_{NN} \end{bmatrix} \begin{bmatrix} \varDelta\delta_1 \\ \varDelta\delta_2 \\ \cdots \\ \varDelta\delta_N \end{bmatrix} = 0 \quad (6.49)$$

式(6.49)の係数行列が特性行列 $F(s^2)$ となる。したがって、$F(s^2) = 0$ を解くと特性解が求められるが、その中には同期回転を示す根 $s^2 = 0$ が含まれるので、特性式はつぎの形で表すことができる。

$$\begin{aligned} F(s^2) &= s^2(a_{N-1}s^{2(N-1)} + a_{N-2}s^{2(N-2)} + \cdots + a_1 s^2 + a_0) \\ &= s^2 f(s^2) \end{aligned} \quad (6.50)$$

したがって、特性方程式は $s^2 = x$ として式(6.51)で与えられる。

$$f(s^2) = f(x) = a_{N-1}x^{(N-1)} + a_{N-1}x^{(N-2)} + \cdots + a_1 x + a_0 \quad (6.51)$$

定態安定度の評価は、式(6.51)の性質を調べることにより行われる。原理的には、線形系の安定性は式(6.51)の固有値を調べ、すべての固有値の実部が負値であればその系は安定系と考えられるため、この方法が最もわかりやすい方法である。しかし、電力系統は大規模であるためすべての固有値を求めるのは実用上困難であるので、さまざまな工夫が行われている。以下に、代表的な方法を示す。

〔1〕 固 有 値 法

固有値法は系の特性行列 A を求め、その固有値をすべて求めて安定判別する方法である。式(6.51)で表された N 機系統の特性方程式が、発散根を持たないための必要十分条件は、$f(x) = 0$ の根がすべて相異なる負の実数根となることである。すなわち、x の負の実根に対して、その平方根である s の根は純虚数となり、これは持続振動を示すものであるが、実系統では種々の制動効果のために減衰し安定になる。

〔2〕 ρ 法

ρ 法は、ラウス-フルビッツ（Routh-Hurwitz）の定理に基づく安定判別法

である．特性方程式(6.51)の根を $x_1, x_2, \cdots, x_{N-1}$ とすれば

$$f(x) = (x - x_1)(x - x_2)\cdots(x - x_{N-1}) \tag{6.52}$$

であるから，この根が相異なる負の実数のときは式(6.53)となる．

$$\rho = f(0) = (-x_1)(-x_2)\cdots(-x_{N-1}) > 0 \tag{6.53}$$

したがって，安定系統のときは $\rho > 0$ となる．ρ 法は $\rho > 0$ のとき安定，$\rho < 0$ のとき不安定と判別する方法である．

〔3〕 S 法

S 法は，すべての固有値を求めるのではなく，絶対値最大固有値を一つのみ見つけて安定判別を行う方法である．そのため計算が非常に簡素化されるという利点を有する．S 法においては，式(6.54)のように特性行列 A を行列 S に変換する．

$$S = (A + hI)(A - hI)^{-1} \qquad h：正の整数 \tag{6.54}$$

このようにしたとき，行列 A による安定判別と行列 S による安定判別は，**図6.6** のようになることが知られている．図に示すように行列 S の安定性は，行列 S の固有値の大きさがすべて 1 より小さければ安定とされる．すなわち，絶対値最大の固有値が 1 より小さければ安定ということになり，絶対値最大固有値を一つ見つければよいことになる．通常，**べき乗法**（power method）が絶対値最大固有値の抽出に用いられている．べき乗法は，収束はあまり速くないが行列のスパース性を活用できるので大規模な問題に適した方法であり，絶対値最大固有値から順に必要個数の固有値を求めることができる．

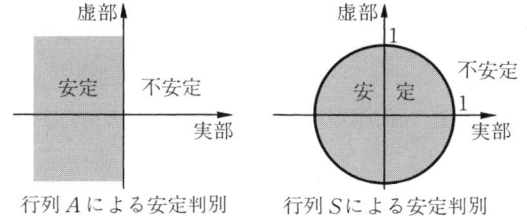

図6.6 行列 A と行列 S による安定判別

6.4 過渡安定度

過渡安定度解析 (transient stability analysis) は，線路事故による送電線トリップ，電源脱落，負荷の急変のような大幅な外乱に対する電力系統の振舞いや安定性を調べるものである．定態安定度がその固有値を調べることにより安定度の判定を行うのに対して，過渡安定度の問題は非線形連立微分方程式の形に定式化されるので，**数値積分** (numerical integration) が用いられている．また，過渡安定度の解析に対してをシステムの安定性を運動エネルギーと位置エネルギーとの相対関係からながめる**リヤプノフ** (Ljapunov) **の安定理論**の適用も行われている．

なお，過渡安定度を議論する過渡状態においては，6.3 節で述べた同期発電機のモデル化で使用した同期発電機の直軸リアクタンス X_d を**直軸過渡リアクタンス** (direct-axis transient reactance) $X_d'(< X_d)$ に置き換えて取り扱うことに注意を要する．ただし，X_q は $X_q' = X_q$ であるからそのまま用いられる．

過渡状態において同期発電機が発生する有効電力は式(6.55)で与えられる．
非突極形同期発電機：

$$P = \frac{|V||E_f'|}{X_d'} \sin \delta \tag{6.55}$$

ただし

$$E_f' = jX_d'I + V$$

である．

突極形同期発電機：

$$P = \frac{|V||E_q'|}{X_d'} \sin \delta + \frac{|V|^2(X_d' - X_q)}{2X_d'X_q} \sin 2\delta \tag{6.56}$$

ただし

$$|E_q'| = \frac{X_d'|E_f| + (X_d - X_d')|V|\cos\delta}{X_d}$$

$$\delta = \tan^{-1}\frac{X_q|I|\cos\phi}{|V| + X_q|I|\sin\phi}$$

である (演習問題 6.2(2)参照)。

6.4.1 等面積法による解析法

等面積法 (equal-area method) として知られている方法は，安定性にかかわる物理現象を直感的に理解できるためによく利用されている。しかし，この方法は，一機無限大母線系統や 2 機系統においてのみにしか適用できないことに注意が必要である。等面積法は，回転子に蓄積されるエネルギーを図的に表現し，外乱後の安定性を決定する方法である。

以下，図 6.2 に示した一機無限大母線系統を用いて説明する。まず，動揺方程式は，式(6.20)に示されている。

$$\frac{H}{\pi f_0}\frac{d^2\delta}{dt^2} = P_{m\,pu} - P_{e\,pu}$$

上式より式(6.57)が得られる。

$$\frac{d^2\delta}{dt^2} = \frac{\pi f_0}{H}(P_{m\,pu} - P_{e\,pu}) \tag{6.57}$$

両辺に $d\delta/dt$ を掛けて整理すると以下の式が得られる。

$$2\frac{d\delta}{dt}\frac{d^2\delta}{dt^2} = \frac{2\pi f_0}{H}(P_{m\,pu} - P_{e\,pu})\cdot\frac{d\delta}{dt}$$

$$\frac{d}{dt}\left[\left(\frac{d\delta}{dt}\right)^2\right] = \frac{2\pi f_0}{H}(P_{m\,pu} - P_{e\,pu})\cdot\frac{d\delta}{dt}$$

$$d\left[\left(\frac{d\delta}{dt}\right)^2\right] = \frac{2\pi f_0}{H}(P_{m\,pu} - P_{e\,pu})\cdot d\delta$$

両辺を積分すると式(6.58)が得られる。

$$\left(\frac{d\delta}{dt}\right)^2 = \frac{2\pi f_0}{H}\int_{\delta_0}^{\delta}(P_{m\,pu} - P_{e\,pu})\cdot d\delta$$

6. 電力系統の安定度

$$\therefore \frac{d\delta}{dt} = \sqrt{\frac{2\pi f_0}{H} \int_{\delta_0}^{\delta} (P_{m\,pu} - P_{e\,pu}) \cdot d\delta} \tag{6.58}$$

ここで，相差角 δ が発散しないための条件は，外乱後のある時間において $d\delta/dt = 0$ なる点が存在することである．したがって，式(6.58)から安定条件として式(6.59)が得られる．

$$\int_{\delta_0}^{\delta} (P_{m\,pu} - P_{e\,pu}) \cdot d\delta = 0 \tag{6.59}$$

式(6.59)は同期発電機に入力された機械的入力と，同期発電機より出力される電気的出力が等しい場合に安定であることを示している．

図 6.7 の電力相差角曲線を用いて等面積法を説明する．まず，外乱前に同期発電機が $\delta = \delta_0$ で運転され，$P_{m0} = P_{e0}$ であると仮定する．ここで，機械的入力が急変し P_{m1} になったとすると，$P_{m1} > P_{e0}$ (機械的入力 > 電気的出力) であるので，回転子の加速エネルギーが正となり，相差角 δ が増加する．この加速期間中に回転子に蓄積される過剰なエネルギーは式(6.60)で表される．

$$\int_{\delta_0}^{\delta_1} (P_{m_1\,pu} - P_{e\,pu}) \cdot d\delta = 面積\,abc = 面積\,A_1 \tag{6.60}$$

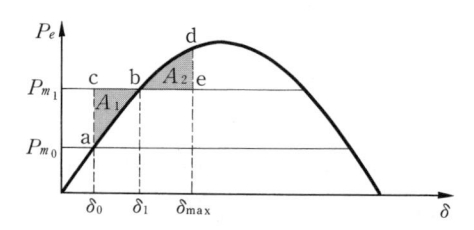

図 6.7 電力相差角曲線（等面積法の説明）

δ の増加にともなって，電気的出力も増加し，$\delta = \delta_1$ となった時点で電気的出力は変化後の機械的入力 P_{m1} に一致する．この時点で加速エネルギーは零となるが，慣性のために回転子は回転速度を増し，δ と電気的出力 P_e は増加し続けていく．しかし，$\delta_1 < \delta$ の領域では $P_{m1} < P_e$ であるので，回転子は減速を開始し，最終的に $\delta = \delta_{\max}$ まで相差角が増加する．この減速期間中に回転子から放出されたエネルギーは式(6.61)で表される．

6.4 過 渡 安 定 度　　101

$$\int_{\delta_1}^{\delta_{\max}} (P_{e\ pu} - P_{m_1\ pu}) \cdot d\delta = 面積\ \mathrm{bde} = 面積\ A_2 \qquad (6.61)$$

したがって，この時点 ($\delta = \delta_{\max}$) で等面積法として知られている式 (6.62) が成立する．

　　面積 $A_1 =$ 面積 A_2 　　　　　　　　　　　　　　　　　(6.62)

その後，回転子は平衡点 b 点に向かって相差角を減少させていくが，慣性により行き過ぎる．このようにして，回転子は最終平衡相差角 δ_1 を中心として δ_0 と $\delta_{\max}$ の間を持続振動することになる．しかし，実際には摩擦などの減衰があるので δ_1 に収束することになる．

例題 6.1　図 6.8 に示した 2 回線送電線の F 点に事故が発生したとする．その時の電力相差角曲線を図 6.9 に示す．図に示すように，相差角 δ_0 で P_0 のなる電力を送電しているとき，1 回線に故障が発生し，相差角が δ_c になったときに故障が除去されたとする．この系統が安定を保つためには δ_c はどのような値でなければならないか．

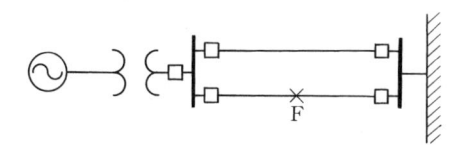

図 6.8　2 回線送電線での事故（F 点）

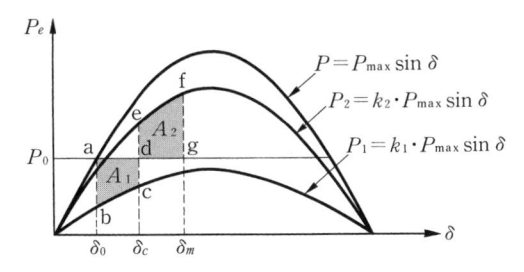

図 6.9　電力相差角曲線（2 回線送電線での事故）

$P = P_{\max} \sin \delta$　　　：故障発生前の送電電力

$P_1 = k_1 \cdot P_{\max} \sin \delta$　　：故障中の送電電力

$P_2 = k_2 \cdot P_{\max} \sin \delta$ ：故障除去後の送電電力 ($k_1 < k_2$)

【解答】 図6.9を用いて等面積法により面積 $A_1 =$ 面積 A_2 なる δ_c を求める。

$$A_1 = P_0(\delta_c - \delta_0) - \int_{\delta_0}^{\delta_c} k_1 \cdot P_{\max} \sin \delta \cdot d\delta$$

$$A_2 = \int_{\delta_c}^{\delta_m} k_2 \cdot P_{\max} \sin \delta \cdot d\delta - P_0(\delta_m - \delta_c)$$

$$\therefore P_0(\delta_c - \delta_0) - \int_{\delta_0}^{\delta_c} k_1 \cdot P_{\max} \sin \delta \cdot d\delta$$

$$= \int_{\delta_c}^{\delta_m} k_2 \cdot P_{\max} \sin \delta \cdot d\delta - P_0(\delta_m - \delta_c)$$

上式より δ_c を求めると次式が得られる。

$$\delta_c = \cos^{-1}\left[\frac{\left(\dfrac{P_0}{P_{\max}}\right)(\delta_m - \delta_0) + k_2 \cdot \cos \delta_m - k_1 \cdot \cos \delta_0}{k_2 - k_1}\right]$$

このような δ_c を**臨界故障除去相差角**（critical clearing angle），その時の時間を**臨界故障除去時間**（critical clearing time，CCT）と呼ぶ。なお，本例題のように故障発生後の電気的出力が非線形方程式で表される場合には，臨界故障除去時間は解析的に求めることはできない。

6.4.2 数値積分法

非線形微分方程式の近似解法を得るために**数値積分法**（numerical integration method）を使用することができる。数値積分法には非常に多くのアルゴリズムが提案されているが，ここでは，簡単な**オイラー法**（Euler's method）と過渡安定度計算に用いられることの多い**ルンゲクッタ法**（Runge-Kutta method）について簡単に説明する。

〔1〕 オイラー法

オイラー法は非線形常微分方程式の近似解を求める方法である。その精度はあまりよいとは言えない方法であるが，簡単なためここで説明しておく。いま，x を n 次元の状態変数，t を独立変数（時間）として，式(6.63)で示される非線形常微分方程式があるとする（初期値は $t = t_0$ で $x = x_0$）。

$$\frac{dx}{dt} = f(x, \ t) \tag{6.63}$$

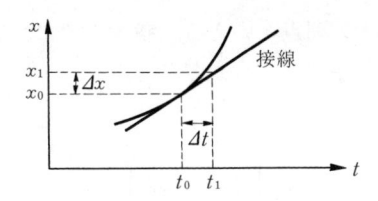

図 6.10 オイラー法の原理

図 6.10 はオイラー法の原理を説明するための図である。$t = t_0$, $x = x_0$ における勾配は式(6.64)で示される。

$$\left.\frac{dx}{dt}\right|_{x=x_0} = f(x_0, t_0) \tag{6.64}$$

したがって，図より時間が Δt 経過後の状態変数の変化 Δx は，式(6.65)により得られる。

$$\Delta x = \left.\frac{dx}{dt}\right|_{x=x_0} \Delta t \tag{6.65}$$

この Δx を用いると時間が Δt 経過後の状態変数は式(6.66)で近似できる。

$$x_1 = x_0 + \Delta x = x_0 + \left.\frac{dx}{dt}\right|_{x=x_0} \Delta t \tag{6.66}$$

なお，式(6.66)は x_0 の回りで t についてテイラー級数展開し，Δt の 2 次以降の項を無視した結果と同一である。

一般に，解の更新式は式(6.67)で表される。

$$x_{n+1} = x_n + \Delta x = x_n + \left.\frac{dx}{dt}\right|_{x=x_n} \Delta t \tag{6.67}$$

これがオイラー法の基本的な手続きである。また，誤差が少なくなるような工夫を施した**修正オイラー法**（modified Euler's method）もよく知られている。

〔2〕 **ルンゲクッタ法**

ルンゲクッタ法は，簡単に言えば (x, t) が与えられたとき，その近傍の点 $(\tilde{x}, \tilde{t})$ を用いて，Δt についての高次の項までテイラー級数展開の項を取り込むことのできる方法である。（オイラー法は 1 次までであった）。テイラー級数展開と同じ精度で，しかも簡単な更新式で数値積分が可能であるということ

がルンゲクッタ法の最大の利点といえる。参考までに，2次と4次のルンゲクッタの更新式を以下に示す。

2次のルンゲクッタの更新式：

$$\left.\begin{array}{l} x_{n+1} = x_n + \varDelta x = x_n + \dfrac{1}{2}(k_1 + k_2) \\ k_1 = f(x_n,\ t_n)\varDelta t \\ k_2 = f(x_n + k_1,\ t_n + \varDelta t)\varDelta t \end{array}\right\} \qquad (6.68)$$

4次のルンゲクッタの更新式：

$$\left.\begin{array}{l} x_{n+1} = x_n + \varDelta x = x_n + \dfrac{1}{6}(k_1 + 2k_2 + 2k_3 + k_4) \\ k_1 = f(x_n,\ t_n)\varDelta t \\ k_2 = f\!\left(x_n + \dfrac{k_1}{2},\ t_n + \dfrac{\varDelta t}{2}\right)\varDelta t \\ k_3 = f\!\left(x_n + \dfrac{k_2}{2},\ t_n + \dfrac{\varDelta t}{2}\right)\varDelta t \\ k_4 = f(x_n + k_3,\ t_n + \varDelta t)\varDelta t \end{array}\right\} \qquad (6.69)$$

6.5　電　圧　安　定　度

6.5.1　電圧安定度の概要

電圧安定度は，近年欧米や日本で発生した広域停電の原因となった電圧低下現象を契機に電力系統の問題として認識されるようになった。おもな事故例として，ニューヨーク大停電（1970年9月22日），フロリダ大停電（1982年12月28日），フランス大停電（1978年12月19日および1987年1月12日），北ベルギー大停電（1982年8月4日），スウェーデン大停電（1983年12月27日），東京西部地区大停電（1983年7月23日）などがある。この現象は，需要の急激な増加や複数の送電設備の停止などにより，系統内の無効電力損失が急増したとき，これに対する無効電力の供給が追いつかず，電圧が次第に低下

6.5 電圧安定度

して広範囲な負荷の脱落をまねくものである。

図 6.11 は電圧安定度の概念を理解するための一機一負荷モデルである。

図 6.11　一機一負荷モデル

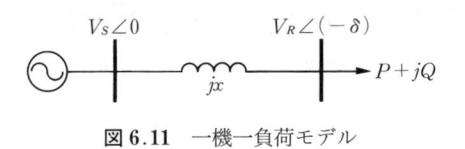

図より負荷母線で受電できる電力 $P + jQ$ と受電電圧 V_R との関係は，つぎの関係が成り立ち，**図 6.12** の **P-V 曲線**（P-Vcurve）が得られる。

$$V_R^2 = \frac{V_S^2 - 2Qx}{2} \pm \sqrt{\left(\frac{V_S^2 - 2Qx}{2}\right)^2 - x^2(P^2 + Q^2)} \qquad (6.70)$$

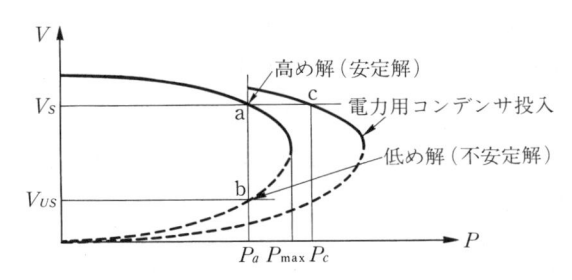

図 6.12　P-V 曲線

図において，有効電力 P_a に対して受電電圧 V_R は，V_S と V_{US} の二つの値を取り得ることがわかる。V_S を安定根または**高め解**（high voltage solution），V_{US} を不安定根または**低め解**（low voltage solution）とよび，系統としては高め解 a 点が運転点である。いま，負荷が P_a から P_c に急変したと仮定すると，運転点 a は P-V 曲線上を右に移動し電圧が低下していく。この場合，電力用コンデンサを投入するなどの適切な系統操作が行われれば，P-V 曲線が"電力用コンデンサ投入"と記した曲線に変化するので，運転点は c 点に移動することができ，電圧を維持できることになる。しかし，この系統操作が間に合わなかった場合は，運転点がなくなり電圧崩壊に至ることになる。

6.5.2 動的解析法

電圧安定度の計算に用いられる動的解析法は,過渡解析法に類似した方法である。システムを記述する方程式は,一般に初期値 $(x_0,\ t_0)$ のもとで以下の1階の微分方程式と代数方程式で表される。

$$\frac{dx}{dt} = f(x,\ t) \tag{6.71}$$

$$I(x,\ t) = Y_N V \tag{6.72}$$

ここで

x :システムの状態ベクトル

V :母線電圧ベクトル

I :注入電流ベクトル

Y_N:系統のノードアドミタンス行列

である。

式(6.71),(6.72)は,数値積分と潮流計算を用いて時間領域で解くことができる。考察期間は通常数分のオーダである。

6.5.3 静的解析法

電圧安定度の計算に用いられる静的解析法は,ある期間におけるシステムの状態を解析することである。その期間において,式(6.71)の左辺 dx/dt を零とし,状態変数はその期間で一定値をとると仮定する。したがって,システムを記述する方程式は代数方程式のみとなる。電圧安定度は,この代数方程式を解き,監視対象の母線に対する P-V 曲線や Q-V 曲線を描くことによって決定できる。このような曲線は,条件を変更しながら潮流計算を繰り返して得ることができるが計算時間が多くかかる。また,監視対象の母線として,どの母線を選べばよいかという問題や,完全な情報を得ようとすると複数の母線についての曲線を描かなければならないために計算量が非常に多くなるという問題がある。したがって,このような問題を克服するために多くの解析法が提案されている。以下では,それらの中から V-Q 感度解析(V-Q sensitivity analy-

6.5 電圧安定度

sis)について説明する。

まず，式(6.72)は電力（有効，無効）と電圧（大きさ，位相角）の関係を線形化した式(6.73)で表される。

$$\begin{bmatrix} \Delta P \\ \Delta Q \end{bmatrix} = \begin{bmatrix} J_{P\delta} & J_{PV} \\ J_{Q\delta} & J_{QV} \end{bmatrix} \begin{bmatrix} \Delta \delta \\ \Delta V \end{bmatrix} \qquad (6.73)$$

ここで

　　ΔP：母線の有効電力の変化分

　　ΔQ：母線の無効電力の変化分

　　$\Delta \delta$：母線電圧の位相角の変化分

　　ΔV：母線電圧の大きさの変化分

である。このヤコビ行列の要素は4章の潮流計算のものと同一である。

一方，式(6.71)で表される装置において，各装置の電力と電圧との間の関係は式(6.74)で表される。

$$\begin{bmatrix} \Delta P_d \\ \Delta Q_d \end{bmatrix} = \begin{bmatrix} A_{11} & A_{12} \\ A_{21} & A_{22} \end{bmatrix} \begin{bmatrix} \Delta V_d \\ \Delta \delta_d \end{bmatrix} \qquad (6.74)$$

ここで

　　ΔP_d：装置の有効電力出力の変化分

　　ΔQ_d：装置の無効電力出力の変化分

　　ΔV_d：装置の電圧の大きさの変化分

　　$\Delta \delta_d$：装置の電圧の位相角の変化分

である。

システムの電圧安定度は，PとQの両方の影響を受ける。しかし，各運転点においてPを固定し，QとVの関係に基づいて電圧安定度を評価することができる。このようにするとPの変化分が無視されるが，QとVの関係を検討することにより負荷電力の変化も考慮できるので，以下ではPを固定して考える。したがって，式(6.73)において$\Delta P = 0$と置いて式(6.75)を得る。

$$\Delta Q = [J_{QV} - J_{Q\delta} J_{P\delta}^{-1} J_{PV}] \cdot \Delta V \equiv J_R \cdot \Delta V \qquad (6.75)$$

ここで，J_R は**縮退ヤコビ行列**（reduced Jacobian matrix）と呼ばれている。式(6.75)は式(6.76)のようにも書かれる。

$$\varDelta V = J_R^{-1} \cdot \varDelta Q \tag{6.76}$$

ここで，J_R^{-1} は**縮退 V-Q ヤコビ行列**（reduced V-Q Jacobian）と呼ばれ，式(6.76)の i 番目の要素は，母線 i の V-Q **感度** $\partial V/\partial Q$ を表している。実際の V-Q 感度の計算には，計算量の点から式(6.75)が使用されている。

母線の V-Q 感度は，与えられた運転点における Q-V 曲線の勾配を表す。V-Q 感度が正であれば安定な運用であり，その値が小さい程より安定なシステムである。安定度が低下すると V-Q 感度の大きさが大きくなる。また，V-Q 感度が負であれば不安定な運用であることを示している。

6.6 安定度向上策

安定度向上策として従来より数多くの工夫が実施されている。以下にその項目について列記する。

① 高圧送電線の導入（500〔kV〕超高圧基幹送電線，1 000〔kV〕UHV 開発中）
② リアクタンスの低減（多導体送電線，並列回線数の増加）
③ 中間開閉所の設置（送電線停止時のリアクタンス増加の抑制）
④ 速応励磁の採用（サイリスタ励磁方式）
⑤ **電力系統安定化装置**（power system stabilizer，PSS）の導入
⑥ 調速機の高速化・タービン高速バルブ制御（発電機の加速を抑制）
⑦ 制動抵抗の設置（送電線故障時に挿入し発電機の加速を抑制）
⑧ **静止形無効電力補償装置**（static var compensator，SVC）の導入
⑨ 高速遮断器，高速再閉路の採用（2〜3 サイクル遮断，0.5 秒後再閉路）
⑩ **系統安定化制御**（system stabilizing controller，SSC）の採用

演 習 問 題

6.1 $X_d = 1.0$ 〔pu〕, $X_q = 0.7$ 〔pu〕の突極形同期発電機がある。この発電機が $S = 1.0$ 〔pu〕(遅れ力率0.8) に対して, $V = 1.0 \angle 0.0$ 〔pu〕で運転する場合に以下の問に答えよ。
 (1) $|E_f|$ と δ を求めよ。
 (2) P と Q を式(6.39), (6.40)を用いて計算せよ。
 (3) $P_{\max}$ と δ_c を求めよ。

6.2 $X_d = 1.0$ 〔pu〕, $X_q = 0.6$ 〔pu〕, $X_d' = 0.3$ 〔pu〕のパラメータを有する同期発電機が, 直接 $V = 1.0$ 〔pu〕の無限大母線に接続され, 有効電力 $P = 0.5$ 〔pu〕(遅れ力率0.8) を供給している場合に以下の問に答えよ。
 (1) 回転子の突極性を無視した場合において, 過渡リアクタンスの背後電圧と, 過渡時の電力相差角曲線を求めよ。
 (2) 回転子の突極性を考慮した場合において, 過渡リアクタンスの背後電圧と, 過渡時の電力相差角曲線を求めよ。

6.3 図 **6.13** の系統において, $H = 5.0$ 〔MJ/MVA〕で過渡リアクタンス $X_d' = 0.3$ 〔pu〕の 60〔Hz〕の同期発電機が $V = 1.0$ 〔pu〕の無限大母線に $P = 0.8$ 〔pu〕と $Q = 0.074$ 〔pu〕を出力している場合に以下の問に答えよ。
 (1) 送電端で一時的な事故が発生後, 事故が消滅したとする。臨界故障除去相差角を求めよ。
 (2) 臨界故障除去時間 CCT を求めよ。
  (ヒント: 事故中は $P_e = 0$ と考え, 動揺方程式(6.20)を利用せよ。)

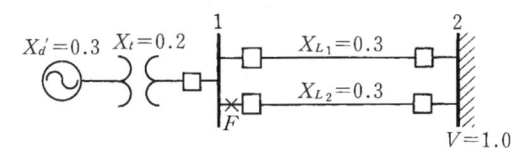

図 **6.13**　2回線送電線での事故

6.4 図6.11の一機一負荷モデルにおいて, 送電電力と受電電力との関係は式(6.70)で表される。この関係を証明せよ。

$$V_R^2 = \frac{V_S^2 - 2Qx}{2} \pm \sqrt{\left(\frac{V_S^2 - 2Qx}{2}\right)^2 - x^2(P^2 + Q^2)}$$

7 電力系統の制御

本章では，電力システムの定常状態を維持するための有効電力と無効電力の制御について述べる。電力システム制御の目的は，電圧と周波数を既定値以内に保ちながら，できるだけ経済性と信頼性を向上させるような発電と送電が行われるような制御を実施することである。有効電力の変化はおもに周波数を変化させ，無効電力の変化はおもに電圧を変化させるため，有効電力と無効電力とは独立に制御することができる。**負荷周波数制御**（load frequency control, LFC）は有効電力と周波数の制御ループを，**自動電圧調整器**（automatic voltage control, AVR）は無効電力と電圧の制御ループを形成している。

7.1 負荷周波数制御

7.1.1 系統特性定数

電力系統の周波数は，系統に接続された発電機の回転速度によって決まる。また，発電機の回転数は発電機への機械的入力と発電機にかかる系統側の需要とのバランスにより決定される。もし，需要より供給力が大きい場合には周波数は上昇し，逆の場合には周波数は低下する。周波数の許容偏差は，わが国では $\pm 0.1 \sim 0.2$ [Hz]が目標とされている。図7.1は負荷変動の大きさと変動周期に対応した制御分担を示している。負荷周波数制御の領域は，応答速度の速い水力LFCで数十秒～数分の周波数領域，火力LFCで吸収するのが数分～数十分の周波数変動領域であるのが一般的である。

7.1 負荷周波数制御

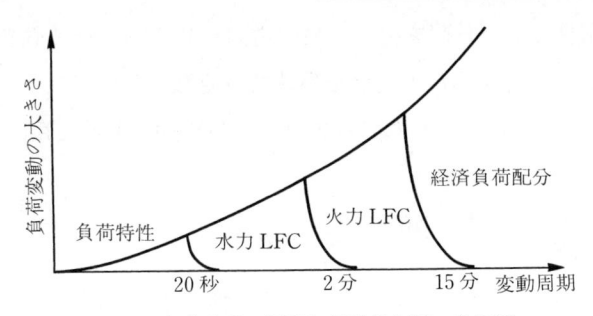

図7.1 負荷変動の周期と周波数制御の分担例

水車発電機やタービン発電機は，**調速機**（governor）により周波数を一定に維持する機能を持っている。すなわち，回転数が低下したら調速機出力を増加し，上昇したら調速機出力を減少することにより需要とのバランスをとろうとするもので，その変化の割合を**速度調定率**（speed regulation）とよび，式(7.1)で定義している。この値が小さいほど，わずかの周波数変動で発電機出力が大きく変化する。通常，速度調定率は2〜6％程度に設定されている。

$$速度調定率 = \frac{N_0 - N_N}{N_N} \times 100 \quad [\%] \tag{7.1}$$

ここで，N_0 は無負荷時の回転数〔rpm〕，N_N は定格回転数〔rpm〕である。

図7.2の直線Aは以上の関係を図示したものであり，**発電機の速度垂下特性**と呼ばれている。一方，需要家の負荷は周波数が低下すると有効電力分も減少し，系統周波数の変化を抑制するように働き，図の直線Bに示すような特性を示し，**負荷の自己制御性**と呼ばれている。同期発電機は直線Aと直線Bの交点で運転されることになる。

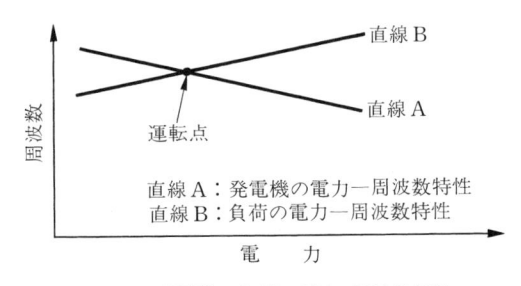

図7.2 発電機と負荷の電力-周波数特性

多数の発電機および負荷を持つ一般の電力システムの周波数変化量 ΔF に対する有効電力変化量 ΔP の割合を**系統特性定数**（系統定数）という。系統特性定数は式 (7.2) で表され，単位は〔% MW/0.1 Hz〕を用いることが多い。

$$K = \frac{\Delta P}{\Delta F} = \frac{\Delta P_G + \Delta P_L}{\Delta F} = K_G + K_L \tag{7.2}$$

ここで，K_G は発電機特性定数，K_L は負荷特性定数と呼ばれる。なお，K_G や K_L は一定ではなく，時々刻々変動する量であるが，一般に系統容量に対して $K_G = 0.7 \sim 1.4$〔% MW/0.1 Hz〕，$K_L = 0.2 \sim 0.6$〔% MW/0.1 Hz〕程度の値である。系統特性定数の定義から明らかなように，K_G，K_L ともに大きいほうが電力変化に対する周波数変化が少ないので周波数制御の面からは好ましい。

7.1.2 連係線潮流-周波数特性

連係系統内で発電量や負荷量が変化した場合には，系統周波数や連係線潮流が変化する。いま，簡単な例として**図7.3**に示すような二つの系統からなる連係系統を考える。ただし，両系統内の発電機の出力調整は行われず一定と仮定する。

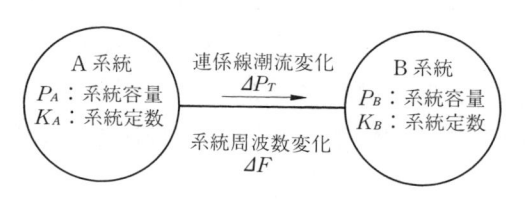

図7.3 連 係 系 統

いま，A系統内で負荷が増加（$+\Delta P$）したとすると，負荷の増加した瞬間には発電力は増加しないので，両系統で式 (7.3)，(7.4) が成立する。

$$\Delta P_A = -\Delta P_T - \Delta P = P_A K_A \Delta F \tag{7.3}$$

$$\Delta P_B = \Delta P_T = P_B K_B \Delta F \tag{7.4}$$

両式より周波数偏差 ΔF と連係線潮流偏差 ΔP_T を求めると式 (7.5)，(7.6)

のようになる．

$$\varDelta F = -\frac{\varDelta P}{P_A K_A + P_B K_B} \tag{7.5}$$

$$\varDelta P_T = -\frac{P_B K_B \varDelta P}{P_A K_A + P_B K_B} \tag{7.6}$$

したがって，周波数は式（7.5）に示すように低下し，連係線潮流は式（7.6）に示すように B 系統から A 系統に向かって電力潮流が流れることがわかる．一方，A 系統内で負荷が減少（$-\varDelta P$）したとすると，逆に周波数は増加し，A 系統から B 系統に向かって電力潮流が流れる．B 系統における負荷の増減についても同様に求めることができる．**表 7.1** はこの関係を示している．また，この関係を横軸に連係線潮流偏差，縦軸に周波数偏差をとって図示すると**図 7.4** のようになる．

表 7.1　系統別負荷変化と $\varDelta F$，$\varDelta P_T$ の関係

	周波数偏差 $\varDelta F$ 〔Hz〕	連係線潮流偏差 $\varDelta P_T$ 〔MW〕
A 系統で負荷増（$\varDelta P$）	$-\dfrac{\varDelta P}{P_A K_A + P_B K_B} \times 10$	$-\dfrac{P_B K_B \varDelta P}{P_A K_A + P_B K_B}$　（$A \leftarrow B$）
A 系統負荷減（$-\varDelta P$）	$\dfrac{\varDelta P}{P_A K_A + P_B K_B} \times 10$	$\dfrac{P_B K_B \varDelta P}{P_A K_A + P_B K_B}$　（$A \rightarrow B$）
B 系統負荷増（$\varDelta P$）	$-\dfrac{\varDelta P}{P_A K_A + P_B K_B} \times 10$	$\dfrac{P_A K_A \varDelta P}{P_A K_A + P_B K_B}$　（$A \rightarrow B$）
B 系統負荷減（$-\varDelta P$）	$\dfrac{\varDelta P}{P_A K_A + P_B K_B} \times 10$	$-\dfrac{P_A K_A \varDelta P}{P_A K_A + P_B K_B}$　（$A \leftarrow B$）

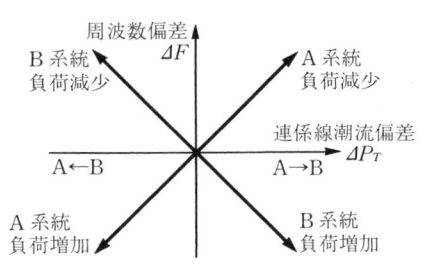

図 7.4　連係線潮流偏差と周波数偏差の関係

以上のように 2 系統間の連係線潮流は，それぞれの系統の負荷変化により大幅に変化することになるため，連係系統全体の協調のとれた需給調整を行い，

周波数だけではなく連係線潮流も基準値を維持する必要がある。連係系統における負荷周波数制御方式は一般につぎの3方式がある。

〔1〕 定周波数制御方式

定周波数制御方式は **FFC**（flat frequency control）**方式**と呼ばれ，単独系統あるいは連係系統中の最大の系統において採用されており，系統周波数を連係線潮流に無関係に基準周波数に維持するように制御する方式である。系統における需給バランスを調整するための必要制御量は**地域要求量**（area requirement, AR）と呼ばれる。FFC における AR は $AR = -K \cdot \Delta F$ であり，これを零にするように発電機出力が制御される。

〔2〕 周波数偏倚連係線電力制御方式

周波数偏倚連係線電力制御方式は **TBC**（tie line load frequency bias control）**方式**と呼ばれ，周波数と連係線潮流の基準値からの偏差から，AR を $AR = -K \cdot \Delta F + \Delta P_T$（$\Delta P_T$ は受電方向を正とする）として制御する。TBC は，AR が自系統内の需給不平衡そのものであるので，必要制御量を自系統内の発電機で制御するため合理的であり，実施例が多い。

〔3〕 定連係線電力制御方式

定連係線電力制御方式は **FTC**（flat tie line control）**方式**と呼ばれ，連係線潮流の基準値からの偏差を周波数に無関係に零にする方式であり，$AR = \Delta P_T$ である。この方式は，大規模系統と小規模系統とで用いられる場合があるが，わが国では採用されていない。

連係系統において最も合理的な負荷周波数制御方式の組合せは，上述のように TBC-TBC であるが，実系統では系統特性定数が運用状態により変動しているので，すべての系統で TBC 方式の運用を行うと負荷周波数制御誤差を生じるおそれがある。したがって，連携系統内の一番大きい系統で FFC 方式を採用し，そのほかの系統で TBC 方式を採用する場合が多い。しかし，この制御方式は電気事業体制の見直しに伴なって，今後見直される可能性もある。

7.2 自動発電機制御

電力システムの負荷が増大した場合に，調速機が蒸気入力を新しい値に調節する前にタービンのスピードが減少したとする。そうすると，回転子の速度変化がおさまり，誤差信号が小さくなるので，調速機のフライフォイルが規定速度を維持する位置の近傍に留まることになる。その結果，この速度と規定速度の間には**オフセット**（offset）が存在することになる。したがって，回転子の速度（周波数）を規定速度（規定周波数）に維持させるためには，ある期間中の平均誤差を積分する**積分器**（integrator）を用いてオフセットをなくす必要がある。このような積分動作は**リセット動作**（reset action）として知られている。このようにして，電力システムの負荷が連続的に増大した場合でも，周波数を規定周波数に自動的に調整することが可能になる。以上のような制御のことを，**自動発電機制御**（automatic generation control，AGC）と呼んでいる。図 7.5 に AGC の機能構成図を示す。

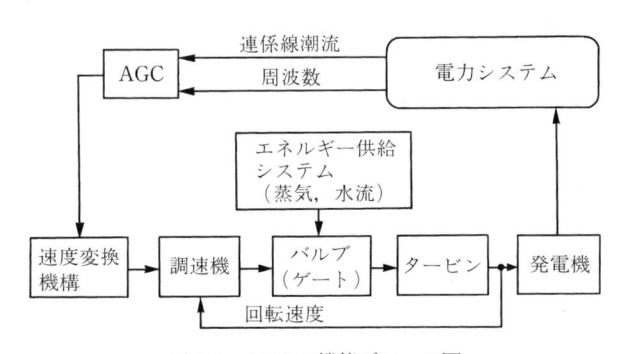

図 7.5　AGC の機能ブロック図

図 7.6 は単独系統における AGC のブロック線図である。図に示したように，周波数偏差を零にするためのリセット動作の目的でゲイン K_I の積分器が設置されている。このブロック線図を理解するためには，各要素の伝達関数を求める必要があるため以下に簡単に説明する。

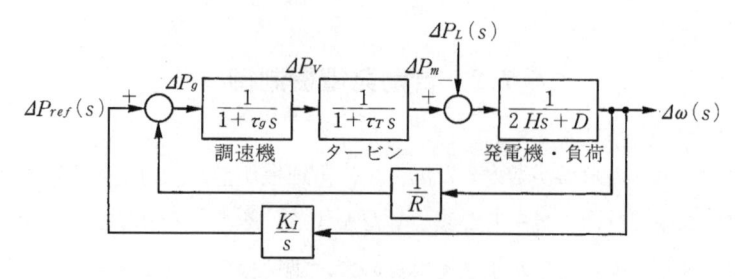

図 7.6　AGC のブロック図

〔1〕 発 電 機

発電機の動揺方程式 (6.19) を微小変動分で表すと，式 (7.7) が得られる。

$$\frac{2H}{\omega_s}\frac{d^2\Delta\delta}{dt^2} = \Delta P_m - \Delta P_e \tag{7.7}$$

式 (7.7) を角速度の微小変動分で表すと式 (7.8) となる。

$$\frac{d(\Delta\omega/\omega_s)}{dt} = \frac{1}{2H}(\Delta P_m - \Delta P_e) \tag{7.8}$$

さらに，単位法で表した角速度の変動分を改めて $\Delta\omega$ とすると式 (7.9) となる。

$$\frac{d\Delta\omega}{dt} = \frac{1}{2H}(\Delta P_m - \Delta P_e) \tag{7.9}$$

式 (7.9) をラプラス変換すると式 (7.10) が得られる。

$$\Delta\omega(s) = \frac{1}{2Hs}[\Delta P_m(s) - \Delta P_e(s)] \tag{7.10}$$

したがって，図 7.7 のブロック図が得られる。

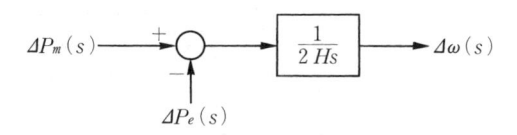

図 7.7　発電機のブロック図

〔2〕 負　荷

電力システムの負荷は，周波数に依存するものと依存しないものが存在するので近似的に式 (7.11) で表わされる。

$$\Delta P_e = \Delta P_L + D\cdot\Delta\omega \tag{7.11}$$

ここで，ΔP_L は周波数変化に依存しない負荷変化であり，$D \cdot \Delta \omega$ は周波数変化に依存する負荷変化である。D は周波数の変化分に対する負荷の変化分である（例えば，周波数の1%変化に対して負荷が1.6%変化するなら $D=1.6$ である）。この負荷モデルと発電機のブロック線図を合成したものを**図7.8**（a）に示す。図（a）のフィードバックループをまとめると図（b）になる。

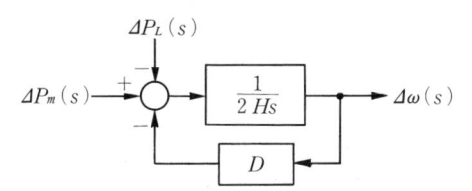

(a) 発電機のブロック＋負荷変化

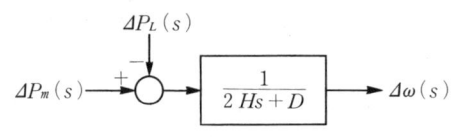

(b) フィードバックループの合成

図7.8 発電機と負荷のブロック図

〔3〕 **水車・タービン**

水車やタービンなどの機械的エネルギー源は，近似的に一次遅れ系として式(7.12)の伝達関数で表現される。

$$G_T(s) = \frac{\Delta P_m(s)}{\Delta P_V(s)} = \frac{1}{1+\tau_T s} \tag{7.12}$$

ここで，$\Delta P_V(s)$ は蒸気バルブ位置，$\Delta P_m(s)$ は機械的出力，τ_T は時定数である。通常，τ_T は 0.2〜2.0〔s〕の値である。**図7.9**はタービンのブロック図を示す。

図7.9 タービンのブロック図

〔4〕調 速 機

調速機（ガバナ）は水車やタービンの回転数を規定速度に制御する装置のことであり，その特性は式 (7.13) で表される．

$$\varDelta P_g(s) = \varDelta P_{ref}(s) - \frac{1}{R} \varDelta \omega(s) \tag{7.13}$$

ここで，$\varDelta P_{ref}(s)$ は規定電力出力，$(1/R)\varDelta\omega(s)$ は調速機の特性から与えられる電力，$\varDelta P_g(s)$ は両者の差分，R は速度調定率である．

この $\varDelta P_g(s)$ は次式の伝達関数により $\varDelta P_V(s)$ に伝達される．

$$\varDelta P_V(s) = \frac{1}{1+\tau_g s} \varDelta P_g(s) \tag{7.14}$$

ここで，τ_g は調速機の時定数である．

式 (7.13)，(7.14) は**図 7.10** のブロック図で表現される．

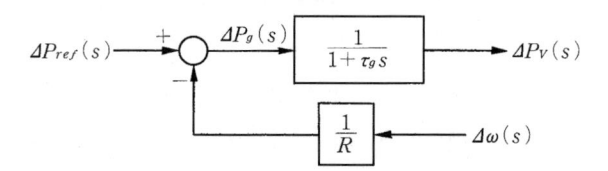

図 7.10 タービン発電器の調速機のブロック図

図 7.8～10 をまとめると**図 7.11** が得られる．これは，7.1 節で説明した LFC のブロック図に対応するものである．図において $\varDelta P_L$ を入力，$\varDelta \omega$ を出力として描き直すと**図 7.12** が得られる．

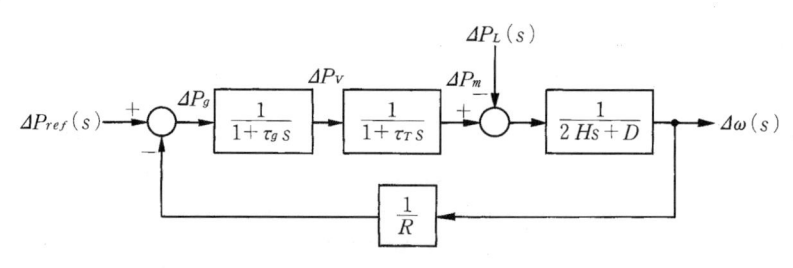

図 7.11 LFC のブロック図

7.2 自動発電機制御

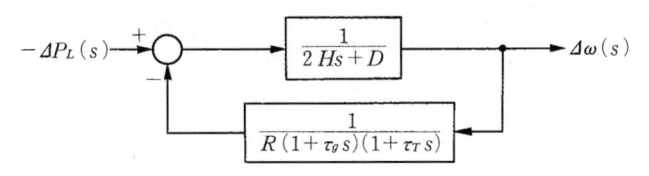

図7.12 LFCのブロック図

　図7.11に積分器のフィードバックループを付加したものが，図7.6に示した単一エリア内でのAGCのブロック線図である．図7.6のAGCのブロック線図を ΔP_L を入力，$\Delta\omega$ を出力として描き直すと**図7.13**が得られる．

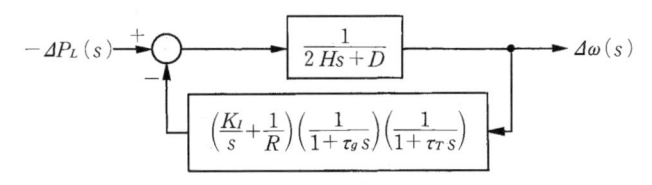

図7.13 AGCのブロック図

したがって，図の閉ループ伝達関数は式（7.15）で与えられる．

$$\frac{\Delta\omega(s)}{-\Delta P_L(s)} = \frac{s(1+\tau_g s)(1+\tau_T s)}{s(2Hs+D)(1+\tau_g s)(1+\tau_T s) + K_I + s/R} \quad (7.15)$$

以上の考え方を拡張すると連系系統のAGCを構築できるが，本書では割愛する．

例題7.1 以下のパラメータを有する単独系統のAGCがあるとする（図7.13参照）．周波数の1％変化に対して0.5％の負荷変化がある（$D=0.5$）として，$\Delta P = 0.2$〔pu〕の負荷の急変があったとする．この場合の周波数変化のステップ応答をMATLABを用いて求めよ．

タービンの時定数　$\tau_T = 0.5$〔s〕　　調速機の時定数　$\tau_g = 0.2$〔s〕
発電機の慣性定数　$H = 5$〔s〕　　調速機の速度調定率　$R = 0.05$〔pu〕
積分器のゲイン　$K_I = 7.0$

【**解答**】　式（7.15）にパラメータを代入すると以下の伝達関数が得られる．

$$G(s) = \frac{0.1s^3 + 0.7s^2 + s}{s^4 + 7.05s^3 + 10.35s^2 + 20.5s + 7}$$

ステップ応答を求めるために以下のコマンドとその応答波形(**図7.14**)を以下に示す。

```
PL = 0.2;   KI = 7;
num = [ 0.1   0.7   1.0   0.0 ];
den = [ 1.0   7.05   10.35   20.5   KI ];
t = 0 : 0.2 : 12;
c = -PL*step( num, den, t );
plot( t, c ), grid
xlabel( 't, sec' ),   ylabel('pu')
title('Frequency deviation step response')
```

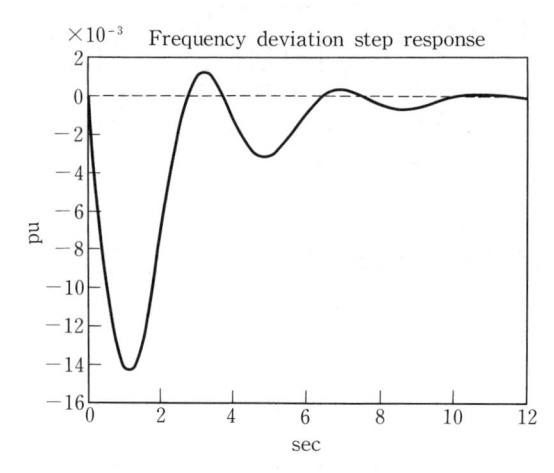

図7.14 ステップ応答波形

7.3 電圧・無効電力制御

7.3.1 電圧・無効電力制御の必要性

電力システムの電圧は,需要と供給力の変化により,時々刻々変化する。電圧が制御されない場合には以下のような悪影響が生じる。

① 昼間の重負荷時間帯　　工場などの電動機負荷が大きいために遅れ力率

の無効電力が大量に消費されるため，需要家までの輸送途上の電圧降下が大きく需要家端電圧が大幅に低下する．

② 深夜・休祭日の軽負荷時間帯　ケーブル系統の充電容量により電圧が上昇したり，工場の力率改善用電力コンデンサーの未開放による進み力率のために需要家端の電圧が上昇する．

このため，電力システム側で電圧・無効電力制御が実施されている．電圧・無効電力制御には，発電機のAVRや**自動力率調整器**（APFR），調相設備やSVC，**負荷時タップ切換変圧器**（load ratio tap changer, LRT），**電圧・無効電力制御システム**（voltage and reactive power control, VQC）などが用いられている．以下では，発電機のAVRとVQCの説明を行う．

7.3.2　発電機の自動電圧調整器

すでに述べたように無効電力に対する電圧の感度は大きいために，発電機の無効電力を制御すれば発電機の端子電圧が調整できる．発電機の無効電力は，界磁巻線の励磁により制御できるので，発電機端子電圧 V_t を検出してフィードバックし規定電圧 V_{ref} と比較しその偏差を励磁機に与え励磁量を制御する．このような機構はAVRと呼ばれ，図7.15にその構成を示す．

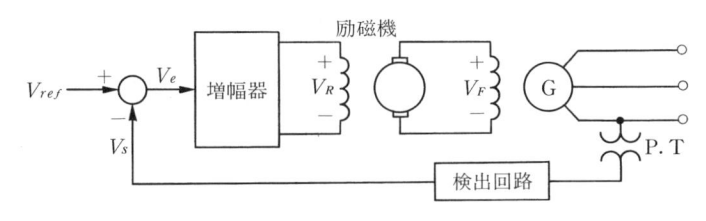

図7.15　AVRの構成

各要素の伝達関数は以下のとおりである．

① 増　幅　器

$$\frac{V_R(s)}{V_e(s)} = \frac{K_A}{1+\tau_A s} \tag{7.16}$$

ここで，K_A は増幅器のゲイン（$K_A = 10 \sim 400$ 程度），τ_A は増幅器の時定数

($\tau_A = 0.02 \sim 0.1$ 程度) である。

② 励 磁 機

$$\frac{V_F(s)}{V_R(s)} = \frac{K_E}{1 + \tau_E s} \tag{7.17}$$

ここで，K_E は励磁機のゲイン，τ_E は励磁機の時定数である。

③ 発 電 機

$$\frac{V_t(s)}{V_F(s)} = \frac{K_G}{1 + \tau_G s} \tag{7.18}$$

ここで，K_G は発電機のゲイン（$K_G = 0.7 \sim 1.0$ 程度），τ_G は発電機の時定数（$\tau_G = 1.0 \sim 20$ 程度）である。

④ 検 出 回 路

$$\frac{V_s(s)}{V_t(s)} = \frac{K_R}{1 + \tau_R s} \tag{7.19}$$

ここで，K_R は検出回路のゲイン，τ_R は検出回路の時定数である。

したがって，これらの要素から構成される AVR をブロック線図で表すと**図 7.16** になる。

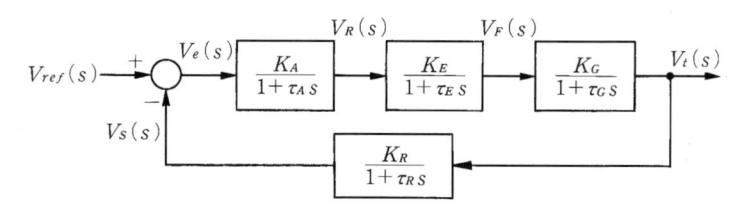

図 7.16 AVR のブロック図

したがって，発電機端子電圧と規定電圧との間の閉ループ伝達関数は式 (7.20) で与えられる。

$$\frac{V_t(s)}{V_{ref}(s)} = \frac{K_A K_E K_G (1 - \tau_R s)}{(1 + \tau_A s)(1 + \tau_E s)(1 + \tau_G s)(1 + \tau_R s) + K_A K_E K_G K_R} \tag{7.20}$$

いま，規定電圧として $V_{ref} = 1/s$ の単位ステップ入力が加わったとすると，ラプラス変換の**最終値の定理**（final-value theorem）から，$V_t(t)$ の定常値は

式 (7.21) となることがわかる.

$$V_t(\infty) = \lim_{s \to 0} sV_t(s) = \frac{K_A K_E K_G}{1 + K_A K_E K_G K_R} \tag{7.21}$$

7.3.3 電圧・無効電力制御システム

あらかじめ制御方式が設定された個別方式による無効電力制御では，電力システム全体の協調をとるのがむずかしいために，総合的な VQC の導入も行われている．VQC は，電力システム全体の電圧と無効電力を給電所などから集中制御するものである．すなわち，連系線の有効無効潮流や主要個所の電圧や無効電力などあらかじめ定められた監視点の情報と，制御対象発電機の無効出力，調相設備の投入状況，LRT タップ位置などの情報をもとに，監視点電圧と連系線無効電力潮流を目標範囲内におさえ，さらに送電損失を最小にするように各調整機器をオンラインで制御するシステムが VQC である．

演習問題

7.1 二つの系統 A，B があり，その系統容量はそれぞれ 5 000 〔MW〕，3 000 〔MW〕とする．各系統の系統特性定数を $K_A = 3.0$〔% MW/0.1 Hz〕，$K_B = 2.5$〔% MW/0.1 Hz〕とする．いま，系統 B に +500〔MW〕の負荷変化があった場合に以下の問に答えよ．
 (1) 周波数変化を求めよ．
 (2) 連系線潮流変化を求めよ．また，この潮流はどちらの方向に流れるか．

7.2 表 7.2 のパラメータの AVR がある（図 7.16 参照）．以下の問に答えよ．
 (1) ラウス-フルビッツの方法などを用いて，この制御システムが安定となるための K_A の範囲を求めよ．
 (2) $K_A = 10.0$ として単位ステップ応答を MATLAB を用いて求めよ．

表 7.2

	ゲイン	時定数
増幅器	K_A	$\tau_A = 0.1$
励磁機	$K_E = 1.0$	$\tau_E = 0.4$
発電機	$K_G = 1.0$	$\tau_G = 1.0$
検出器	$K_R = 1.0$	$\tau_R = 0.05$

8 電力システムの新潮流

　最近の情報処理に対する社会からの要求は，従来の情報処理に比べて，処理すべき情報やメディアの幅が広がり，取り扱う情報や知識の内容自体に踏み込んだ奥行きのある高度な処理が要求されるようになってきた。電力システムの分野では，エネルギー問題，環境問題，規制緩和などに代表されるような電力系統を取り巻く環境の変化に対応し，複雑化，大規模化，分散化，開放化している電力系統を取り扱うために，ますます知的な情報処理に対する要求が高まっていると言える。このような状況に対応して，より強力な知的情報処理の実現に向けた新たな枠組みの研究や試行が始まっている。従来の**エキスパートシステム**（expert system）に対して，この高度化された知的情報処理自動化システムは，**知能システム**あるいは**インテリジェントシステム**（intelligent system）として呼ばれている。

　本章では，電力システムの新しい潮流として，電力システムに応用されている新しいソフトウェア技術の中から知的情報処理，**ニューラルネットワーク**（neural network），**ファジィ理論**（fuzzy systems theory），そして組合せ最適化問題の解法である**メタヒューリスティックス**（meta-heuristics）の概要について説明する。

8.1 知的情報処理

8.1.1 知的情報処理の応用の歴史

まず，最初に電力システムにおける知的情報処理の応用の歴史を概観する。

〔1〕 人工知能の誕生

コンピュータによって人間の知能機能を実現しようとする知識工学手法は，

人工知能 (artificial intelligence) の研究から生まれた。人工知能という名称が生まれ，人工知能という研究分野が正式に認知されたのは 1956 年に米国のダートマス大学で開催されたワークショップからである。このころは，主にチェッカやチェスなどのゲームプログラムのように，評価の比較的容易な問題を研究対象として，数多くの研究が行われたが，それらはおおむね成功の連続であったといえる。A. L. Samuel の作ったチェッカ学習プログラム（プログラムが上級プレイヤのプレイ方法を学習し，上手にプレイするようになる）はテレビ出演までして，視聴者に強い印象を与えた。コンピュータは数値計算以外のことはできないと考えられていた頃に，少しでも知的なことができたことは驚異的なことであり，人々は人工知能に大きな期待を抱いた。そして，1960 年にはダートマス大学からマサチューセッツ工科大学に移った J. McCarthy がその後人工知能の主要プログラミング言語の一つとなる **LISP** を開発した。

〔2〕 **人工知能の実用問題への応用**

1960 年代の後半には人工知能の実用問題への応用研究が盛んになり，今日のエキスパートシステムの原型となるようなシステムが開発された。スタンフォード大学の E. A. Feigenbaum と B. G. Buchanan らによる **DENDRAL**（有機化合物構造の推定）がその代表的システムである。この頃から，知識集約システムの考え方が主流になってきた。すなわち，多様な実用問題への応用研究が進むにつれ，多数の関連知識を蓄積して問題解決を図ることが重要であると認識されるようになった。1970 年の初めに A. Colmerauer と R. Kowalski により 1 階述語論理の表現を制限したホーン節に対する効率的な推論法に基づく **Prolog 言語**が開発された。Prolog は厳格な知識表現と推論法を備えているので，AI の主要プログラミング言語として重要な役割を果した。さらに，1974 年には M. L. Minsky が実世界知識を表現するパラダイムとして**フレーム表現** (framework for representing knowledge) を提唱した。

〔3〕 **エキスパートシステムの誕生**

人間の専門領域への人工知能の適用研究が積極的に図られたが，なかでも 1976 年にスタンフォード大学の E. H. Shortliffe らが開発した **MYCIN**（血液

中のバクテリア診断，治療の支援）システムは本格的なエキスパートシステムとして注目された。このシステムは医療専門家の知識を約 450 備え，あたかも医者と対話しているかのような質問応答機能を有し，さらに医学知識の不確実性を表すために確信度を導入し，新米の医者の能力をはるかに超えた結果を得ることができた。そして，1977 年に E. A. Feigenbaum は実社会の問題に対する技術を重視した**知識工学**（knowledge engineering）を提唱し，このころから多くのエキスパートシステムが開発されるようになり，汎用の知識工学ツールとして **EMYCIN** や **OPS** が開発された。

〔4〕 電力系統への知識工学技術の適用開始

1980 年代になるとエキスパートシステムを中心にした人工知能の実用化が各方面で進展した。わが国は知識工学の応用技術の重要性に着目し，1982 年に官民一体となった「第 5 世代コンピュータ開発プロジェクト」を開始し内外からの注目を集めた。このプロジェクトは，10 年計画で知識処理用の並列コンピュータと論理型言語を核とする基盤ソフトウェアの開発を目的としたものであり，その後 2 年間の後継プロジェクトを完了後，その成果を公開し 1995 年に解散した。1986 年には人工知能学会が設立され，わが国の知識関連における理論面からの研究の母体となっている。

1983 年には「知識ベースに基づく電力系統復旧方式の決定法」という電力系統分野への知識工学手法の可能性を初めて示した先駆的論文が提出され，これをきっかけに電力系統分野での研究開発が積極的に行われるようになり，いわゆる人工知能ブームを引き起こした。そして，1988 年には本格的な事故復旧エキスパートシステムが実用化された。

〔5〕 関連技術の進展

1980 年代から現在までは，エキスパートシステムだけでなく，今日エキスパートシステムと融合されている**ファジィ**（fuzzy）やニューラルネットワークなどの関連技術の進展がみられる。ファジィ関連では，1965 年の L. A. Zadeh のファジィ理論の提案，1980 年のファジィの実用化（デンマーク Smith 社），1985 年の国内でのファジィ制御の実用化と戸貝（マサチューセッ

8.1 知的情報処理

ツ工科大学）のファジィ推論用 VLSI の開発，1985 年のファジィシステム第 1 回国際会議開催，1989 年の日本ファジィ学会設立などが特筆すべき事項である。ニューラルネットワーク関連では，1985 年の J. J. Hopfield らの**ホップフィールド型ニューラルネットワーク**の提案，1986 年の D. E. Rumelhart らの**逆伝搬則**（back propagation）によって，この分野の研究が盛んになりニューラルネットワークブームが巻き起こった。**遺伝的アルゴリズム**（genetic algorithm）は，生物の遺伝と進化を模倣した適応・学習・最適化の枠組みとして 1975 年に J. H. Holland が提案し，1985 年に第 1 回遺伝的アルゴリズム国際会議が米国のカーネギー・メロン大学で開催されている。

また，**交叉**（crossover）を主要オペレータとする遺伝的アルゴリズムとは異なり，突然変異を主要オペレータとする**進化プログラミング**（evolutionary programming）の原型は，1964 年の L. J. Fogel による初期の研究の後，25 年間あまり用いられていなかったが，1988 年に息子の D. B. Fogel により連続変数の最適化手法の一つとして拡張され注目を集めるようになっている。また，組合せ最適化問題の探索手法として 1989 年に F. Glover が**タブーサーチ**（tabu search）を提案し，電力系統分野への適応研究が盛んになっている。タブーサーチは時々刻々変化する**タブーリスト**（tabu list）に遷移禁止の属性を記憶させることにより効率的な探索を行う方法である。

さらに，進化，創発（部分機能の組合わせにより飛躍した新機能が発現する）を特徴とする**人工生命**（artificial life）についての関心も高まり 1987 年には第 1 回人工生命国際会議が開催されている。また，1990 年には J. Koza がプログラム自体を変化（進化）させようとする**遺伝的プログラミング**（genetic programming）を提案し，1996 年には第 1 回遺伝的プログラミング国際会議が開催された。

また，**分散人工知能**（distributed artificial intelligence）の研究も精力的に行われており，すでに 1980 年には第 1 回分散人工知能国際会議が開催されている。さらに，1995 年には協調分散システムとしての**マルチエージェントシステム**（multi-agent system）と，大量のデータの中に隠れている規則性や因

果関係の抽出を目的とした**知識発見とデータマイニング** (knowledge discovery and data mining) に関する第1回国際会議が開催されるなど，知識工学技術の新たな展開が活発化している．

〔6〕 電力系統への知識工学技術の適用拡大

電力系統への知識工学技術の適用は，大雑把に言うと80年代の調査・研究・試行の時代を経て，90年代は局所的実用化とその評価の時代としてとらえることができる．電力系統への適用において，80年代に事故復旧中心であった知識工学技術は，90年代に入り監視，制御，運用，計画，訓練などの幅広い業務にわたって実用化されるようになり，その導入後の評価データも蓄積されつつある．

実用システムの開発においては，各メーカは，EUREKA-II（日立），TDS（東芝），MELDASH（三菱），FREXS/PS（富士電機），rtKDL（明電舎）などのエキスパートシステム構築ツールを開発し開発期間の短縮に努力している．使用言語は，実行スピードと他言語との親和性のため，当初のLisp，PrologからCまたはC++へと移行してきた．使用計算機も制御用コンピュータ，ミニコンからワークステーションへと移行している．

8.1.2　知識ベースと推論機構

エキスパートシステムは，図8.1に示すように，基本的に**知識ベース** (knowledge base) と**推論機構** (inference engine) とから構成されている．すなわち，対象とする問題領域に対する既知の事実や概念間の相互関係，推論関係，推論戦略などの知識を，モジュール性のある形で知識ベースに蓄積・管理しておき，問題とする状況に応じて，これらの中から有効なものを推論機構によって選び出し，組合せを変えて適用することで，対象分野のさまざまな問題を解決する．知識の基本単位としてどのようなものを考えるかは，システムが採用する知識表現モデルに依存するが，**プロダクションルール** (production rule) と**フレームモデル** (frame model) が広く用いられている．プロダクションルールでは，IF-THENの形で記述されたルールを基本単位とし，与え

8.1 知的情報処理　　129

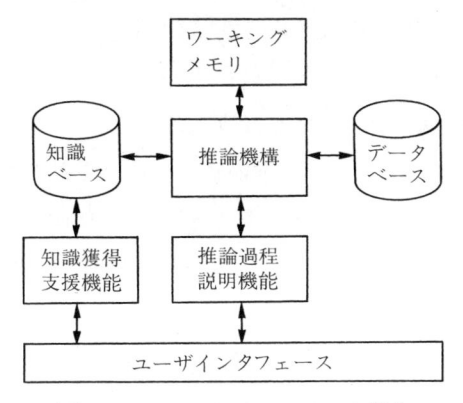

図 8.1　エキスパートシステムの構成

られた状況と目的に対して，適用可能なルール群が検索され，その中から最も有効であると判断されたものが適用される．一方，フレームモデルでは，事実を表す**宣言型の知識**と，この事実の解釈あるいは処理に関する**手続き型の知識**とから成っている．したがって，推論機構においては，メッセージを受け取ったフレームが，メッセージに対応する付加手続きを起動することにより，つぎにメッセージを渡す相手とメッセージ内容を選択し，知識の適用順序が決定される．

8.1.3　新しい知識表現

近年，知識情報処理の性能向上に関する研究が盛んに行われてきている．ここでは，電力系統において適用されている新しい知識表現について説明する．

〔1〕　オブジェクト指向

オブジェクト指向（object oriented）とは，扱う対象自身をオブジェクト（もの）として記述し，それに基づく処理などを行う，"もの"中心のプログラミングパラダイムである．このため，人間にとって自然なプログラミングができると言われている．

一般のプログラミングでは，データがあり，それにアクセスする手続きとしてプログラムが書かれるが，オブジェクト指向ではオブジェクト自身が内部状

態とその内部状態に対する手続きを内包している。このように情報や振る舞いをオブジェクトに格納し，外部から変更が行われないよう隠蔽することを情報の**カプセル化**（encapsulation）と言う。各オブジェクトには**プロパティ**（property）と呼ばれるオブジェクトの属性や性質を表すデータや，プロパティやオブジェクトを操作する方法を表す**メソッド**（method）がオブジェクトにカプセル化されているので，データを中心としたプログラム化が可能である。このため，データ管理が行いやすくデータ全体の保守性がきわめて高い。

なお，プロパティやメソッドには単なる数値や計算だけでなく，知識やルールなども含まれる。共通の性質の集まりを持つオブジェクトのことを**クラス**（class）といい，個々の具体的なオブジェクトを**インスタンス**（instance）という。各クラスは，上位クラスである**スーパークラス**（superclass）から下位のクラスである**サブクラス**（subclass）へと情報を**継承**（inheritance）できるので，情報を階層化でき，スーパークラスでは知識の抽象化が容易になる。これらの点に着目すると，オブジェクトはフレームによく似ている。

〔2〕 エージェント指向

エージェント指向（agent oriented）とは，90年代に電力系統分野のソフトウェアの共通的技術として普及し定着したオブジェクト指向技術の成功を受けて，自然な形で発展しようとしている新しい技術として考えることができる。エージェント指向は新しい概念であるため，現時点では統一的な定義は固まっていないが，ほぼ以下のように捉えられている。

エージェント（agents）とは，「外部環境との相互作用に基づいて，ほかの処理体と協力してある目標に向かって自律的に問題解決を進めていく処理体」である。エージェントの具備すべき性質は，**自律性**（autonomy），**社会性**（social ability），**反応性**（reactivity），**自発性**（proactiveness）などが挙げられる。このような性質は，前述のオブジェクト指向技術を用いてもある程度実現可能であるが，さまざまな知識や状況に応じて目標を達成しようとする際に，エージェントの動作の合理性や，エージェント間の相互作用において，オブジェクト指向技術よりさらに高度な特性を備えるものとして考えられてい

る。エージェントの内部状態に，**信念** (belief)，**意図** (intention)，**責務** (obligation)，**感性** (sensitivity) といった心的状態の概念の導入も試みられている。さらに，モーバイルコンピューティング技術を基礎としてエージェントの移動性にも注目が集められている。

8.1.4 高次推論

従来型のプロダクションシステムの行う推論方法よりも，実際に人間の行っている推論はより高次な推論を行っていると考えられている。すなわち，人間はあいまいな知識や常識的な知識などを巧妙に使用している。このメカニズムを計算機の上に実現する枠組みとして考案されたのが**高次推論**（advanced reasoning）と呼ばれ，電力分野には以下のようなものが適用されている。

〔1〕 ファジィ推論

ファジィ推論（fuzzy reasoning）は，1965年にL. A. Zadehにより，提案されたあいまいさを定量的に取り扱うことができるファジィ集合概念の応用による推論方式である（8.3節参照）。

〔2〕 事例ベース推論

事例ベース推論（case-based reasoning）とは，過去に経験した成功および失敗した事例（問題，解，解を得る筋道など）を事例ベースに蓄積しておき，これを利用して問題解決を行う枠組みを言う。事例ベースの形式およびその処理方法は確定されたものはなく，問題に合わせてさまざまな方法が提案されている。一般的な推論処理の構成を**図8.2**に示す。

① 事例ベース（case base） 特徴づけられた問題解決事例の集まりである。成功事例だけでなく，失敗事例も含まれる。

② 問題解析器（problem analyzer） 特徴づけルールによって問題の特徴づけを行うとともに，予想される問題点を列挙する。

③ 事例検索器（case retriever） 与えられた問題の特徴と比べて，最も良く照合する事例を事例ベースから検索する。

④ 事例修正器（case modifier） 検索された事例と問題の間で照合しな

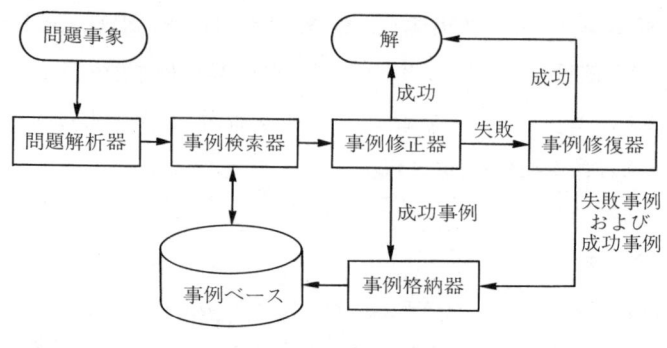

図8.2 事例ベース推論

い部分の違いを考慮しながら，領域知識を使って，事例の解に対し修正を施し，与えられた問題の解とする。修正（modification）の代わりに適合（adaptation）という用語を使う場合もある。

⑤ 事例修復器（case repairer）　検索された事例の問題への適用に失敗した場合，領域知識または別の事例を使い，失敗の原因を解析して，同じ過ちを回避するように，該当する特徴づけルールを変更する。さらに，修復ルールによって失敗事例を修復することができれば，これを与えられた問題の解として出力する。

⑥ 事例格納器（case store）　事例ベース推論による問題解決は，それ自身を新しい事例の獲得とみなし，特徴づけを行ったうえで，成功事例として事例ベースに登録される。同様に，失敗した事例も事例ベースに登録される。

事例ベース推論の利点としては，事例の表現や構造をうまく工夫すれば，知識ベースシステムで非常に労力のかかる知識獲得が比較的簡単に実現できること，ほかの推論に比べて高速処理を実現できることが挙げられる。逆に欠点としては，類似した事例を変形，修正，拡張して解を求めるため，必ずしも正しい推論が行われるとは限らないことが挙げられる。

〔3〕 モデルベース推論

モデルベース推論（model-based reasoning）は，対象についての包括的な

モデルを使用して，対象システムの構造・挙動・因果性などの原理原則に基づいた**深い推論**を行うシステムである。IF-THEN ルールによるルーベース推論は，**浅い推論**と呼ばれる純粋なパターン指向の推論によるものである。これに対し，モデルベース推論は，対象システムの潜在的な因果関係や挙動メカニズムをモデルとして表現し，このモデルを用いて推論を行う。

　電力系統の事故区間判定にモデルベース推論が適用されている。そのシステムでは，シミュレータを利用した事故判定は，観測情報からその原因となる事故状況の仮説を生成し，それらをシミュレーションで検証する。シミュレーション結果が観測情報と一致する事故状況の仮説が事故判定解になる。シミュレーション結果が観測情報と一致しない場合には，事故状況を修正した仮説を生成する。そして，すべての仮説がシミュレーションされたならば，事故判定は終了することになる。

　この手法は，シミュレータ以外に事故状況の仮説の生成や修正を行う知識を用意する必要があり，正しい事故判定ができるためには，シミュレータの機能レベルと仮説の生成や修正をする知識とが調和がとれている必要がある。この調和をとる作業は，判定精度を上げるためにシミュレータで複雑な機能を表現するようになると，かなり難しくなることが予想される。モデルベース推論では，シミュレータにより事故状況をシミュレーションするため，ルールベース推論と比べて，処理時間が長くなる傾向がある。また，用意されたモデルの精度ではシミュレーションできない事故状況が発生した場合には事故判定が正しく行えない場合がある。このため，処理高速化のためのモデル表現形式とシミュレーション方法の検討，および事故判定の要求性能に見合うモデル精度の決定手法の確立が必要である。

〔4〕　**仮 説 推 論**

　仮説推論（hypothetical reasoning）は，真か偽か不明な事項を仮説として（とりあえず真と考えて）推論を行い，矛盾なく与えられた問題が解決できたと証明ができれば，立てた仮説は正しかったと判断することを基本とする推論手法である。図 8.3 に示すように，対象世界でつねに成立する背景知識の集合

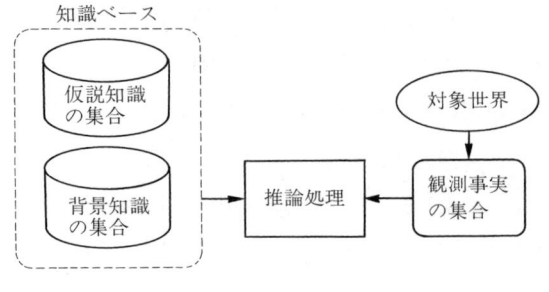

図8.3 仮説推論

と，つねに成立するとは限らない矛盾の可能性がある仮説知識の集合を分けて記述する。

　推論処理は，ゴール（観測事実の集合）が与えられると，背景知識からゴールの演繹的な証明を試みる。これが証明できないとき仮説知識の集合から無矛盾な仮説集合を切り出し，背景知識と合わせてゴールを証明する。仮説に基づき導き出された推論結果はやはり仮説であり，よりどころにした元の仮説が矛盾を生じないことが確認されている範囲内で正当化される。仮説間の依存関係の維持と矛盾が生じた場合は，依存関係に基づいた後戻り（バックトラック）を必要とする。

　仮説に基づく推論を形式的に取り扱う仮説管理機構の枠組みとして，**TMS** (truth maintenance system) や **ATMS** (assumption-based truth maintenance system) などがある。ともに，不完全な知識（矛盾を含んでいるかもしれない仮説）を許容して推論を行う機能を備えたものである。TMS は，真と仮定している仮説の組を一つだけ保持して，一般的には辞書的バックトラックにより仮説の組を切替え推論を進める。これでは非効率なため，矛盾の原因となった仮説に直接戻るように工夫した知的バックトラックを実現して推論効率を向上している。ATMS は，真と仮定している仮説の組を多重に保持する段階的並列推論を実現して，バックトラックをなくしたり，矛盾を生じる仮説の組を記録することにより探索空間を縮小して推論効率を向上している。

　仮説推論の利点としては，仮説という真か偽か不明でほかの知識と矛盾する

可能性がある不完全な知識も扱えるので，知識ベースの能力の幅を広げることができる．逆に欠点としては，矛盾する可能性がある不完全な知識を扱うため，推論が複雑になり一般的には推論速度が遅いことが挙げられる．これを回避するため，推論の近道をガイドするヒューリスティックスの導入，事例ベース推論との組合せ，知識コンパイル，0-1整数計画法との組合せなどが試みられている．

〔5〕 時 制 推 論

時制推論（temporal reasoning）とは，時間概念を含む論理，すなわち，時制論理に基づく推論方式である．時制論理における知識表現では，時制オペレータを適用することにより，事象間の時間的相対関係を記述する．時制論理の知識表現の例としては，つぎのようなものが挙げられる．

① P・Poor（TARO）"太郎は昔貧乏だった"
② □ϕ "すべての未来の状態でϕが成り立つ"
　　◇ϕ "ある未来の状態でϕが成り立つ"
　　○ϕ "つぎの状態でϕが成り立つ"
③ GbA "どのように状態遷移が分岐しても，つねに事象Aが成立し続ける"
　　FbA "ある特定の状態遷移の分岐に従うとき，いつかAが成立する"
　　FlA "どのように状態遷移列が分岐しても，いつか必ずAが成立する"
　　GlA "ある特定の状態遷移の分岐に従うとき，Aが成立し続ける"

時制推論は，上述のような命題群と，命題間の基本的な関係を規定する公理群と，公理群からさらに上位の関係を導出する推論則から構成される．例えば，"いつかAが成立する"をFAで表現するとき，公理の一例として以下が挙げられる．

$$FA \vee FB \rightarrow F(A \wedge FB) \vee F(FA \wedge B) \vee F(A \wedge B)$$

この公理の意味はつぎのとおりである．

「いつかA，またはいつかB（$FA \vee FB$）」ならば，「『Aが成立し，か

つ，その後Bが成立する』ということがいつか将来成立する（$F(A \land FB)$）」，または「『Bが成立し，かつ，その後Aが成立する』ということがいつか将来成立する（$F(FA \land B)$）」，または「『AとBが同時に成立する』ということがいつか将来成立する（$F(A \land B)$）」のいずれかである。

また，"つぎの状態でAが成立する"をTAで表現し，否定オペレータを¬とするとき，事象Aの生起および終了はそれぞれつぎのように記述される。

$\neg A \land TA$　生起（現在，事象Aは成立せず，かつ，つぎの状態で成立する）

$A \land T \neg A$　終了（現在，事象Aは成立し，かつ，つぎの状態で成立しない）

時制論理では，時間的順序や因果関係等など問題に内在する時間的構造を表現できる。よって，時制推論の利点として，問題を記述しさえすれば，自然な推論により問題を解決できることが挙げられる。また，時制論理を用いれば，システムの時間的変化の過程を順次計算できることもある。一方，時制推論の欠点としては，多重世界を扱うため計算が複雑になることが挙げられる。また，時制論理の適用では，時間概念を記号表現に変換することの難しさに直面することもある。

8.1.5　ハイブリッド形インテリジェントシステム

近年，異分野で発展してきた相異なる技術群が互いに近接・融合する手法が，高度な知的情報処理の強力な枠組みの一つとして認知されるようになってきた。すなわち，本質的に"探索"機能を内在する知的情報処理の探索効率の向上を目的とした数理計画法や，生物の進化や物理現象等からヒントを得たメタヒューリスティックス（**モダンヒューリスティックス**と呼ばれることもある）との併用・融合，さらに，L. A. Zadehらが提唱しているより人間らしい知的情報処理（あいまいさも許容する）を目的とした**ソフトコンピューティング**（soft computing）との併用・融合により高度知的情報処理が行われるようになってきた。

8.2 ニューラルネットワーク

　ニューラルネットワークは生物の神経系の特徴的な機能を人工的に表現するためのものである。1985 年の J. J. Hopfield らのホップフィールド型ニューラルネットワークと 1986 年の D. E. Rumelhart らの逆伝播則の提案によってこの分野の研究が盛んになり，電力システムへも応用されるようになった。ニューラルネットワークは学習や自己組織化能力，汎化能力などの特長を有する。

8.2.1　ニューロンのモデル
　生物の神経細胞すなわち**ニューロン**（neuron）のモデルは，式（8.1）に示すように多入力 1 出力の特性関数によって表される（図 8.4 参照）。

$$z_i = f\left(\sum_j w_{ij} \cdot x_{ij} - \theta_i\right) \tag{8.1}$$

ここで，z_i はニューロン i の出力信号，w_{ij} はニューロン j とニューロン i 間のシナプス荷重，x_{ij} はニューロン j からニューロン i への入力信号，θ_i はニューロン i のしきい値である。

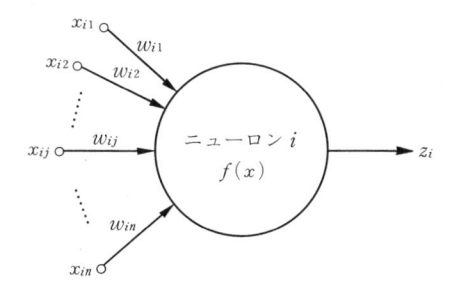

図 8.4　ニューロンのモデル

　また，ニューロンの特性関数 $f(x)$ は式（8.2）に示すような非線形関数である**シグモイド関数**（sigmoid function）を用いる場合が多い（図 8.5 参照）。

$$f(x) = \frac{1}{1 + \exp\left(-\dfrac{x}{T}\right)} \tag{8.2}$$

図8.5 シグモイド関数

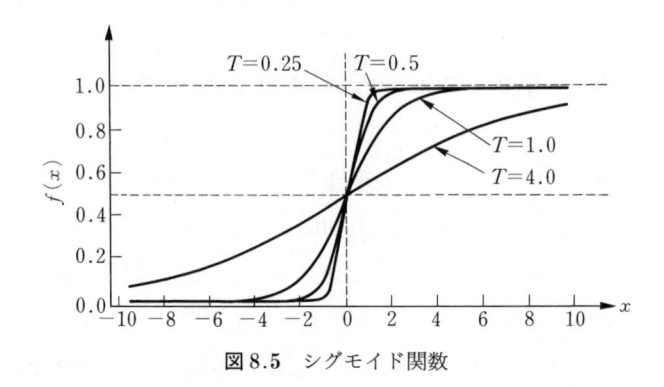

ここで，T はシグモイド関数 $f(x)$ のパラメータである。

8.2.2 階層型ニューラルネットワーク

生物と同様に前述のニューロンモデルを複数結合して，人工的な神経回路網を構成する。ここでは，結合の特殊な形態である階層型ニューラルネットワークについて説明する。階層型ニューラルネットワークは，図8.6に示すようにニューロンを階層構造に配置し，階層間でのみ信号が一方向に流れるようにしたネットワークである。信号が外部から入力される最初の層を入力層，ニューラルネットワークからの出力信号を出す層を出力層，入力層と出力層との間の層を中間層あるいは隠れ層と呼んでいる。また，中間層の数により3層ネットワークや4層ネットワークのように呼ばれる。また，3層ネットワークにおいて中間層に十分な数のニューロンを配置すれば，任意の多変数関数を近似できることが知られている。階層型ニューラルネットワークは，フィードバック結

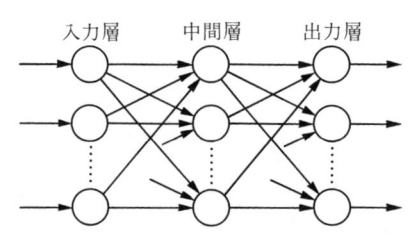

図8.6 階層型ニューラルネットワーク
（3層の例）

合が存在しないために，ネットワークの出力は入力信号のパターンにより決まってしまうので，静的な入出力関係を表現することは容易であるが，動的なダイナミックスを表現することは難しい．

8.2.3 相互結合型ニューラルネットワーク

つぎに，結合の一般的な形態である相互結合型ニューラルネットワークについて説明する．相互結合型ニューラルネットワークは，図 8.7 に示すように各ニューロン間が結合し，信号も双方向に流れることが可能なネットワークである．したがって，自分のニューロンの出力信号は別のニューロンを経て再び自分に戻ってくるフィードバックを内在するモデルである．対称的な結合荷重 ($w_{ji} = w_{ij}$) を持つホップフィールド型ニューラルネットワークや，非対称なフィードバックを持つ**リカレントネットワーク**（recurrent network）がよく知られている．

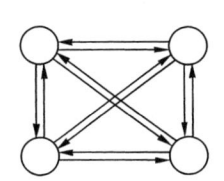

図 8.7 相互結合型ニューラルネットワークの例

いま，時刻 t でのネットワークの状態（出力）$x(t)$ は式 (8.3) のダイナミックスに従う．

$$x(t+1) = T_w\, x(t) \tag{8.3}$$

ここで，T_w は結合荷重ベクトル w のネットワークを表す．

ホップフィールド型ニューラルネットワークの場合は，特に状態のエネルギーと呼ばれる以下の状態関数が定義できる．

$$E(x) = -\frac{1}{2}\sum w_{ij}x_i x_j + \sum \theta_i x_i \tag{8.4}$$

動作が非同期的な場合にはダイナミックスの進行とともにエネルギーが単調に減少することが証明されている．すなわち，このダイナミックスは必ず安定平衡点の一つに収束することがわかっている．

動的なダイナミックスの点からみると，ホップフィールド型ニューラルネットワークは安定平衡点に落ち着くので最適化問題の解法に応用され，リカレントネットワークは自律的なダイナミックスが表現できるためニューロ制御への応用が行われている。

8.2.4 ニューラルネットワークの学習

ニューラルネットワークの学習を教師信号に基づいて分類すると以下〔1〕〜〔3〕のようになる。

〔1〕 **教師あり学習**

教師あり学習（supervised learning）は，ネットワークの入力に対して各試行毎に教師信号が与えられる場合である。この場合にはネットワークの出力と教師信号とを比較し，その差をなるべく小さくするようにネットワークの結合荷重を変化させる。ここでは，D. E. Rumelhart らが1987年に提案した教師あり学習としてよく知られている逆伝搬則について説明する。逆伝搬則は**バックプロパゲーション**とも呼ばれる。

（a） **一般化デルタルール**　まず，逆伝搬則の考えのもとになる**一般化デルタルール**（generalized delta rule）について説明することにする。ニューラルネットワークに学習させる際にある値を入力した場合，その時の出力が理想の出力とどれだけ異なっているかを示し，学習の評価をするものとして，つぎのような誤差関数 E を考える。

$$E = \frac{1}{2} \sum_{j,c} (y_{j,c} - \hat{y}_{j,c})^2 \tag{8.5}$$

ただし，$\hat{y}_{j,c}$ はある入力パターン c に対して出力素子 j が出すべき望ましい出力，$y_{j,c}$ は出力素子 j の実際の出力である。

このような形の誤差関数を最小にする手続きを，一般に**最小2乗誤差**（least mean square）法という。$y_{j,c}$ はその時の素子間の結合の重み w_{ji} で決まるため，誤差関数も重みに関して陰に定義された関数となる。したがって，各重みの値を軸としてできる空間を考えれば，E は重み空間上の超曲面とし

て誤差曲面を与えることになる．任意の重み状態からこの誤差曲面の極小値に達するには，例えば，各重みを $\partial E/\partial w_{ji}$ に比例した量ずつ変化させていけばよいことになる．

$$\Delta w_{ji} = -\varepsilon \frac{\partial E}{\partial w_{ji}} \tag{8.6}$$

これは，誤差曲面上を最も急な傾斜方向に進んでいくことに相当し，このような学習則を一般に**最急降下法**（gradient decent method）という．

さて，ある素子 j はほかの素子 i の出力を入力として受け，式(8.7)のように結合荷重 w_{ji} を乗じて加えたものを入力とする．

$$u_j = \sum_i w_{ji} \cdot y_i \tag{8.7}$$

そして，出力 y_j は入力の総和に単調増加関数 f を施したもので表されることにする．

$$y_j = f(u_j) \tag{8.8}$$

ただし，しきい値は結合荷重の一つとして含まれていると考える．また，関数 f はシグモイド関数を用いることにする．

このように素子の性質が定義されているとすれば，式(8.6)は合成関数の微分公式により式(8.9)のように展開できる．

$$\frac{\partial E}{\partial w_{ji}} = \frac{\partial E}{\partial y_j} \cdot \frac{dy_j}{du_j} \cdot \frac{\partial u_j}{\partial w_{ji}} \tag{8.9}$$

ここで，式(8.7)と式(8.8)を微分すれば，式(8.10)，(8.11)が得られる．

$$\frac{\partial u_j}{\partial w_{ji}} = y_i \tag{8.10}$$

$$\frac{dy_j}{du_j} = f'(u_j) \tag{8.11}$$

したがって，式(8.6)は式(8.12)で表される．

$$\Delta w_{ji} = -\varepsilon \sum \frac{\partial E}{\partial y_j} f'(u_j) y_i \tag{8.12}$$

中間層が学習しない場合，$\partial E/\partial y_j$ の項は式(8.5)を微分することにより簡単に式(8.13)で求めることができる．

$$\frac{\partial E}{\partial y_j} = y_j - \hat{y}_j \tag{8.13}$$

したがって,式(8.12)より以下の学習則が得られる.これを一般化デルタルールと呼ぶ.

$$\Delta w_{ji} = -\varepsilon \sum (y_j - \hat{y}_j) f'(u_j) y_i \tag{8.14}$$

例えば,f が式(8.15)のシグモイド関数で与えられるとすると

$$f(u_j) = \frac{1}{1 + \exp(-u_j)} = y_j \tag{8.15}$$

$$f'(u_j) = y_j(1 - y_j)$$

この場合の学習則は式(8.16)で与えられる.

$$\Delta w_{ji} = -\varepsilon \sum (y_j - \hat{y}_j) y_j (1 - y_j) y_i \tag{8.16}$$

(b) 逆伝搬則 図8.8からなるいくつかの中間層を持つ多層ニューラルネットワークを考える.同じ層の素子間に結合はなく,どの素子も一つ前の層からのみ入力を受け,つぎの層へのみ出力を送るものとする.このようなネットワークの中間層に対して同様に学習則を導こうとしたとき,式(8.12)の $\partial E/\partial y_j$ の値はすぐに求めることはできない.この微分値を出力層より逆向きに順々に計算していく,言い換えれば,出力の誤差を,前の層へ前の層へと伝えていくというのが逆伝搬則のアイデアである.すなわち,ある層の素子 j の $\partial E/\partial y_j$ の計算は,つぎの層の素子 k の $\partial E/\partial y_k$ を用いて式(8.17)のように展開することができる.

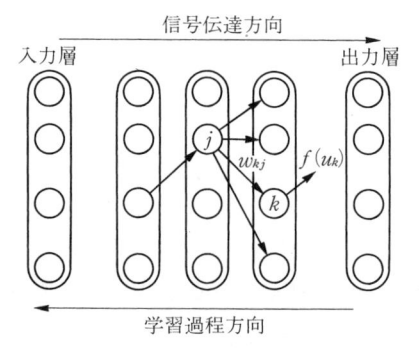

図8.8 逆伝搬則の説明図

$$\frac{\partial E}{\partial y_j} = \sum \frac{\partial E}{\partial y_k} \cdot \frac{dy_k}{du_k} \cdot \frac{\partial u_k}{\partial y_j} \tag{8.17}$$

ここで，式 (8.7) より式 (8.18) が成立する．

$$\frac{\partial u_k}{\partial y_j} = w_{kj} \tag{8.18}$$

式 (8.18) と式 (8.11) を代入すれば，式 (8.17) は式 (8.19) となる．これが，逆伝搬則のアルゴリズムである．

$$\frac{\partial E}{\partial y_j} = \sum_k \frac{\partial E}{\partial y_k} f'(u_k) w_{kj} \tag{8.19}$$

　逆伝搬則は，いかなる結合荷重の初期値からでも誤差が極小となる（最小ではない）ことが保証されるが，一般に誤差曲面は極小値の近くでは非常に緩やかな谷底を持つため，学習は非常に遅くなる．しかし，学習を早めるために式 (8.6) の ε を大きくすると学習は振動してしまう．

　振動させずに学習を早めるため，いくつかの方法の一つに，つぎのようなものがある．誤差曲面の傾きを結合荷重空間の位置でなく速度の変化に用いる．すなわち，式 (8.20) のような加速法がよく使われている．

$$\Delta w_{ji}(t) = -\varepsilon \frac{\partial E}{\partial w_{ji}} + \alpha \Delta w_{ji}(t-1) \qquad (0 < \alpha < 1) \tag{8.20}$$

ここで，t は学習の回数を表す．

　逆伝搬則の特徴は，入力信号と正しい出力教師信号のセットをつぎつぎと与えるだけで，個々の問題の特徴を抽出する内部構造が，中間層の隠れニューロン群のシナプス結合として自己組織される点である．また，誤差計算（逆方向）が前方向への情報の流れとよく類似している．すなわち，ある素子の学習に使われている情報は，後の素子から得られる情報のみであり，学習の局所性が保たれていることになる．これは，人工的な神経回路形計算機をハードウエア化する時に学習則に要求される性質であり，実際の生体の神経回路においては，$\partial E / \partial y_j$ といった値が神経軸索を通って逆向きに伝わるとは考えられない．したがって，逆伝搬則は実際の脳の学習則の生理学的モデルにはなりえないことになる．実際の脳の多層神経回路においてはどのような学習則が用いら

れているのかはまだ解明されていない。

〔2〕 **教師なし学習**

教師なし学習（unsupervised learning）は，教師信号が与えられない場合のネットワークの出力に対する評価基準をあらかじめ設定しておく必要がある。ここでは，教師なし学習の一つである**競合学習**（competitive learning）の代表的な**コホーネン学習則**（Kohonen learning）を簡単に説明する。図8.9はコホーネン学習則に基づくニューラルネットワークの構成を示す。このネットワークは図に示すように，ニューロンが層状になっているのが特徴である。

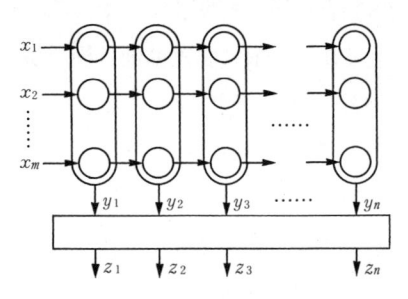

図8.9 教師なし学習の例
（コホーネン学習則）

まず，入力データベクトル $x = (x_1, x_2, \cdots, x_m)$ がすべてのニューロンに同時に提示される。ここで，ニューロンはそれぞれ結合荷重ベクトル $W_k = (w_{k1}, \cdots, w_{kn})$ を持っているとする。入力データベクトルと荷重ベクトルの距離 y_k を求め，その距離のうち最小のものが一つだけ選択され，z_k として出力に現れる。入力データベクトルに最も近いものとして選ばれた結合荷重 $W_k = (w_{k1}, \cdots, w_{kn})$ は，式 (8.21) により更新され入力データに近づけられる。

$$W_k^{new} = W_k^{old} + \alpha(x_j - W_k^{old}) \tag{8.21}$$

〔3〕 **強化学習**

強化学習（reinforcement learning）は外界から報酬や懲罰といった評価のみが与えられる場合である。一般に，実システムとしてニューラルネットワークを稼動させようとすると不確定性や環境の変化のために，はっきりした教師

信号が得られない場合が多い．強化学習はこのような問題を克服するために考え出されたものである．ネットワークは，外界から入力を得てこれに基づいて出力を決定する．そして，環境からは報酬や懲罰など出力の評価（強化信号）を得る．その過程を試行錯誤的に繰り返すことで評価のよいものに改善していき，環境に自律的に適応するように学習が進展する．**図 8.10** に強化学習の構成を示す．学習アルゴリズムとして，以下に示す **Q 学習**（Q-learning）が知られている．ここでは，学習主体をエージェントと称している．

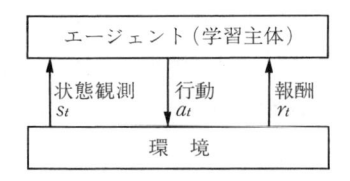

図 8.10 強化学習の構成

【Q 学習の手続き】

(**step 1**) エージェントは環境の状態 s_t を観測する．

(**step 2**) エージェントは任意の行動選択方法（探索戦略）に従って行動 a_t を実行する．

(**step 3**) 環境から報酬 r_t を得る．

(**step 4**) 状態遷移後の状態 s_{t+1} を観測する．

(**step 5**) 以下の更新式より Q 値を更新する．

$$Q(s_t, a_t) = (1 - \alpha) Q(s_t, a_t) + \alpha [r_t + \gamma \max_a Q(s_{t+1}, a)]$$

ただし，α が学習率，γ は割引率である．

8.3 ファジィ理論

8.3.1 ファジィ集合論

L. A. Zadeh によって提唱された概念である**ファジィネス**（fuzziness）は"あいまいさ"の意味であり，一般にファジィ理論はファジィ集合・ファジィ関係・ファジィ論理などからなる理論体系である。

〔1〕 **ファジィ集合とメンバシップ関数**

従来の集合は，**クリスプ集合論**（crisp set theory）と呼ばれ，ある要素がその集合に属するか否かの2値で規定されるのに対して，**ファジィ集合論**（fuzzy set theory）では，ある要素がその集合に属する**グレード**（grade）で規定されるという性質がある。グレードは**帰属度**あるいは**適合度**とも呼ばれる。

ある集合 X におけるファジィ集合 A とは，式（8.22）の**メンバーシップ関数**（membership function）μ_A によって特性づけられた集合として定義される。

$$\mu_A : X \to [0,1] \tag{8.22}$$

ここで，X に対する μ_A の値 $\mu_A(X)$ をグレードと呼び，X がファジィ集合 A に属する度合いを表している。また，X はファジィ集合 A の**台集合**（universe of discourse）あるいは**全体集合**（universal set）と呼ばれる。

いま，X 上のクリスプ集合を E とするとその**特性関数**（characteristic function）は式（8.23）で定義される。

$$\chi_E(x) = \begin{cases} 1 & x \in E \\ 0 & x \notin E \end{cases} \tag{8.23}$$

すなわち，式（8.24）のように表され要素 x が E に属していれば1，E に属していなければ0の二つの値に割り当てられる。

$$\chi_E : X \to \{0,1\} \tag{8.24}$$

これに対してファジィ集合のグレードは，式 (8.22) からわかるように 0 から 1 の任意の値を取ることができる．

図 8.11 は"快適な温度"についてクリスプ集合とファジィ集合の違いを表したものである．

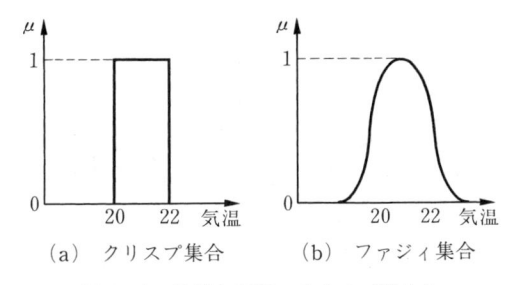

図 8.11 快適な気温のクリスプ集合とファジィ集合

〔2〕 **ファジィ集合の表現**

ファジィ集合は，離散表現と連続表現の二つに分けることができる．

（a） **離散表現（台集合 X が有限集合の場合）** いま，台集合 X を $X = \{x_1, x_2, \cdots, x_n\}$ とする．このときファジィ集合 A は式 (8.25) で表される．

$$A = \sum_{i=1}^{n} \mu_A / x_i = \mu_A(x_1)/x_1 + \mu_A(x_2)/x_2 + \cdots + \mu_A(x_n)/x_n \tag{8.25}$$

ここで，/ はセパレータと呼ばれ，その右には台集合の要素を左にはその要素のグレードを記述する．特に，グレードが零の項は書かずに省略する．また，$\sum$ も従来使用されているものとは異なり，OR 結合を一つにまとめた表記法である．この表記法によれば，$X = \{x_1, x_2, \cdots, x_n\}$ は $X = x_1 + x_2 + \cdots + x_n$ とも書くことができる．

（b） **連続表現（台集合 X が無限集合の場合）** このときファジィ集合 A は式 (8.26) で表される．

$$A = \int_X \mu_A(x)/x \tag{8.26}$$

ここで，$\int$ は離散表現の $\sum$ を連続表現に拡張したものである．

実用上，以下のメンバーシップ関数が使用されることが多い。

① 三角形型（図 8.12 参照）

連続形　$A = \int_{-2}^{0}\left(\frac{2+x}{2}\right)/x + \int_{0}^{2}\left(\frac{2-x}{2}\right)/x$

離散形　台集合 $X = \{-2, -1, 0, 1, 2\}$ の場合

$A = 0.25/-1.5 + 0.5/-1 + 0.75/-0.5 + 1.0/0 + 0.75/0.5 + 0.5/1 + 0.25/1.5$

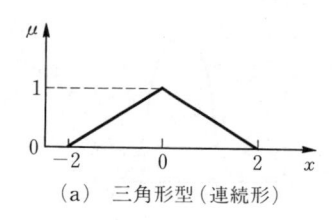

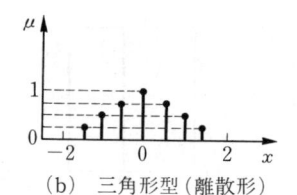

(a) 三角形型（連続形）　　(b) 三角形型（離散形）

図 8.12　三角形型メンバーシップ関数

② 台形型（図 8.13 参照）

連続形　$A = \int_{-4}^{-2}\left(\frac{4+x}{2}\right)/x + \int_{-2}^{2}1/x + \int_{2}^{4}\left(\frac{4-x}{2}\right)/x$

③ 直線型（図 8.14 参照）

連続形　$A = \int_{0}^{10}0.1x/x + \int_{10}^{20}1/x \quad x \in [0, 20]$

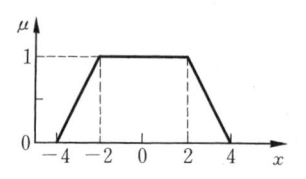

図 8.13　台形型メンバーシップ関数 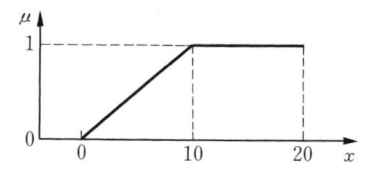　　図 8.14　直線型メンバーシップ関数

④ 釣鐘型（図 8.15 参照）

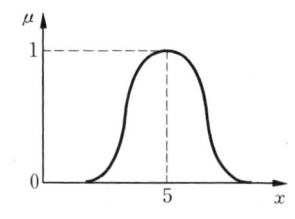

図 8.15　釣鐘型メンバーシップ関数

連続形 $A = \int_X e^{-0.5(x-5)^2}/x$

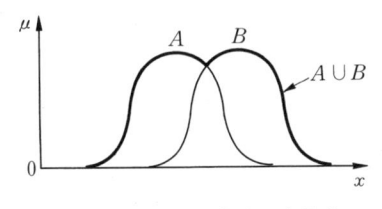

〔3〕 **ファジィ集合の演算**

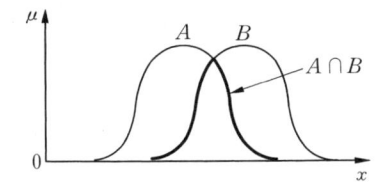

ファジィ集合の**和集合**（union），**共通集合**（intersection），**補集合**（complement）はそれらのメンバーシップ関数に対し，以下のような演算を行うことによって導くことができる。

（a） **ファジィ集合の和集合**　ファジィ集合 A とファジィ集合 B の和集合は式（8.27）で表されるメンバーシップ関数により特性づけられるファジィ集合である。

$$\mu_{A \cup B}(x) = \mu_A(x) \vee \mu_B(x) = \max\{\mu_A(x), \mu_B(x)\} \tag{8.27}$$

ここで，$\vee$ は max 演算を表す。図 8.16 にファジィ集合の和集合の例を示す。

図 8.16　ファジィ集合の和集合　　　図 8.17　ファジィ集合の共通集合

（b） **ファジィ集合の共通集合**　ファジィ集合 A とファジィ集合 B の共通集合は式（8.28）で表されるメンバーシップ関数により特性づけられるファジィ集合である。

$$\mu_{A \cap B}(x) = \mu_A(x) \wedge \mu_B(x) = \min\{\mu_A(x), \mu_B(x)\} \tag{8.28}$$

ここで，$\wedge$ は min 演算を表す。図 8.17 にファジィ集合の共通集合の例を示す。

（c） **ファジィ集合の補集合**　ファジィ集合 A とファジィ集合 B の補集合は式（8.29）で表されるメンバーシップ関数により特性づけられるファジィ集合である。

$$\mu_{\bar{A}}(x) = 1 - \mu_A(x) \tag{8.29}$$

図 8.18 にファジィ集合の補集合の例を示す。

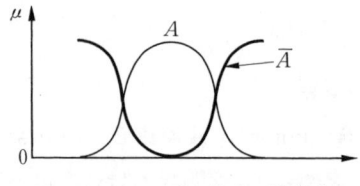

図 8.18 ファジィ集合の補集合

〔4〕 α-カットと分解原理

α-**カット** (alpha-cut) と**分解原理** (decomposition principle) はファジィ理論の応用のための重要な概念である。α-カットとは,ファジィ集合 A について式 (8.30), (8.31) で示すように強 α-カットと弱 α-カットが定義される。

強 α-カット　　$A_\alpha = \{x | \mu_A(x) > \alpha\} \qquad \alpha \in [0,1]$ 　　(8.30)

弱 α-カット　　$A_{\bar\alpha} = \{x | \mu_A(x) \geq \alpha\} \qquad \alpha \in [0,1]$ 　　(8.31)

定義から明らかなように強 α-カットと弱 α-カットの違いは等号があるかないかである。図 8.19 に α-カットを示す。

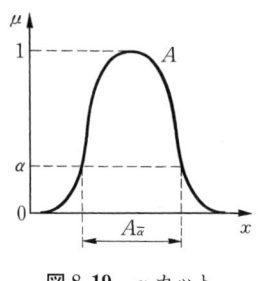

図 8.19　α カット

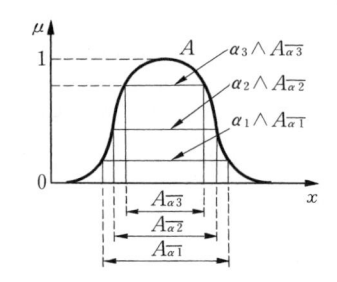

図 8.20　分解原理

つぎに,分解原理を説明する。分解原理とは,メンバーシップ関数が α-カットを用いて表されることを示している。すなわち,メンバーシップ関数は α-カットの概念を用いて式 (8.32) のように表すことができる。

$$\mu_A = \sup_{\alpha \in [0,1]} \lfloor \alpha \wedge \chi_{A\alpha}(x) \rfloor = \sup_{\alpha \in [0,1]} \lfloor \alpha \wedge \chi_{A\bar\alpha}(x) \rfloor \qquad (8.32)$$

ここで,$\chi_{A\alpha}(x)$ は集合 A_α の特性関数である。

図8.20に示すようにαを変えることにより，$\alpha \wedge x_{A\bar{\alpha}}(\alpha\in(0,1])$は，無数の矩形のメンバーシップ関数に分解され，ファジィ集合Aはそれらの和集合で表現できる．

$$A = \bigcup_{\alpha\in[0,1)} \alpha \wedge \alpha_{A\bar{\alpha}} \tag{8.33}$$

〔5〕 **ファジィ数の演算**

日常生活では"だいたい20分"，"多数"といったあいまいな数値表現を使うことがよくある．このようなあいまいな数を**ファジィ数**（fuzzy number）という．ファジィ数とは，数値上のファジィ集合であり，たとえば，図8.21は"3ぐらい"を表すファジィ数$\tilde{3}$を表している．

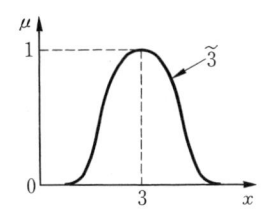

図8.21 "3ぐらい"のメンバーシップ関数

ファジィ数を表す演算は，つぎの**拡張原理**（extension pronciple）により定義することができる．二つのファジィ数をMとNしたとき，$M+N$はつぎのように与えられる．

$$M + N = \int (\mu_M(x) \wedge \mu_N(y))/(x+y) \tag{8.34}$$

$$\mu_{M+N}(Z) = \bigvee_{x+y=z} \{\mu_M(x) \wedge \mu_N(y)\} \tag{8.35}$$

ここで，右辺は$x+y=z$を満たすx,yに対して$\mu_M(x) \wedge \mu_N(y)$の最大値（$\vee$）をとることを示している．

図8.22において$x+y=z$を満たすx,yに対して$\mu_M(x),\mu_N(y)$を求め，その小さい方の値をaとする．ところが$x+y=z$を満たすx,yはほかにもたくさん存在することから，これらの$\mu_M(x) \wedge \mu_N(y)$のうちで一番大きい値をbとすると，このbが足し算$M+N$のzでのグレードになってい

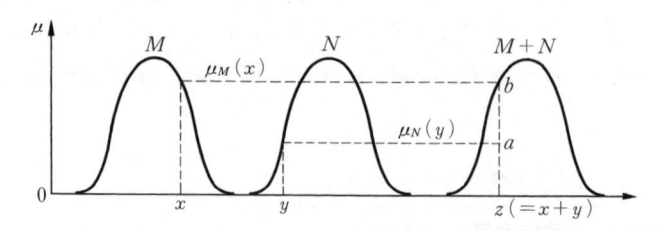

図 8.22 足し算 $M+N$ の説明図(拡張原理)

る。異なる z' に対しても同様なことを行うと,足し算 $M+N$ を求めることができる。

8.3.2 ファジィ関係

一般に関係というと X と Y の関係,X と Y と Z の関係など,さまざまなものがあるが,ここでは2項関係について説明する。通常の2項関係とは,式 (8.36) のように "y と x は等しい" とか,"y は x より小さい" というようにはっきりしたクリスプな関係をいう。

$$\mu_R(x,y) = \begin{cases} 1 & (x,y) \in R \\ 0 & \text{otherwise} \end{cases} \tag{8.36}$$

それに対して,**ファジィ関係**(fuzzy relation)は,"y と x はだいたい等しい" とか "y は x よりかなり小さい" というようにあいまいな関係を表現している。集合 X と集合 Y との2項ファジィ関係とは,直積 $X \times Y$ 上のファジィ集合として式 (8.37) に示すメンバーシップ関数により特性づけられる。

$$\mu_R : X \times Y \to [0,1] \tag{8.37}$$

いま,{一郎,二郎,三郎} を兄弟の関係としたとき,"似ている" という関係を考えてみる。"似ている" にはいろいろな段階があるから,これを "似ている度合い(類似度)" で表し,[0, 1] の値を対応させることにする。そうすると,一郎と二郎はよく似ているから 0.8 を,一郎と三郎はあまり似ていないから 0.2 というようにすることができる。この関係は,**ファジィ行列**(fuzzy matrix)として,つぎのように表すことができる。

$$\text{"似ている"} = \begin{array}{c} \\ 一郎 \\ 二郎 \\ 三郎 \end{array} \begin{array}{c} \begin{array}{ccc} 一郎 & 二郎 & 三郎 \end{array} \\ \left[\begin{array}{ccc} 1.0 & 0.8 & 0.2 \\ 0.8 & 1.0 & 0.4 \\ 0.2 & 0.4 & 1.0 \end{array} \right] \end{array}$$

〔1〕 **ファジィ関係の演算**

いま，R，S を $X \times Y$ におけるファジィ関係とする。すなわち，$R \subset X \times Y$，$S \subset X \times Y$ とする。このファジィ関係に対してもファジィ集合の演算と同様に演算が定義できる。

① ファジィ関係の包含

$$R \subseteq S \Leftrightarrow \mu_R(x,y) \leq \mu_S(x,y) \tag{8.38}$$

② ファジィ関係の結び

$$\mu_{R \cup S}(x,y) \Leftrightarrow \mu_R(x,y) \vee \mu_S(x,y) \tag{8.39}$$

③ ファジィ関係の交わり

$$\mu_{R \cap S}(x,y) \Leftrightarrow \mu_R(x,y) \wedge \mu_S(x,y) \tag{8.40}$$

④ 補ファジィ関係

$$\mu_{\overline{R}}(x,y) \Leftrightarrow 1 - \mu_R(x,y) \tag{8.41}$$

〔2〕 **ファジィ関係の合成**

A を X におけるファジィ集合，R を直積 $X \times Y$ 上のファジィ関係とする。このとき，A と R の**合成** (composition) $A \circ R$ のメンバーシップ関数は，式 (8.42) で定義される。

$$\mu_{A \circ R}(y) = \max_{x \in X} \lfloor \mu_A(x) \wedge \mu_R(x,y) \rfloor \tag{8.42}$$

また，R を $X \times Y$ 上のファジィ関係，S を $Y \times Z$ 上のファジィ関係とする。このとき，R と S の合成 $R \circ S$ のメンバーシップ関数は，式 (8.43) で定義される。

$$\mu_{R \circ S}(y) = \max_{x \in Y} \lfloor \mu_R(x,y) \wedge \mu_R(y,z) \rfloor \tag{8.43}$$

これらの合成は，特に**マックスミニ合成** (max-min composition) と呼ばれる。

8.3.3 ファジィ推論

ファジィ理論の中でも最も応用されることの多い**ファジィ推論**（fuzzy reasoning）について説明する。ファジィ推論は，A, B をファジィ集合として，"IF x is A THEN y is B" という**規則**（rule）が与えられている場合，"x is A'" の入力に対して，y' をどのように推論すればよいかということを扱うものである。

〔1〕 直 接 法

推論の合成規則によるファジィ推論について，ファジィ制御でよく使われる**直接法**（direct method）として代表的な**マムダニ**（Mamdani）**の方法**を説明する。ファジィ推論を行うには推論規則が必要である。この規則は，IF-THEN 形式で表現され，一般に前件部および後件部がファジィ命題の形で表現される。推論の過程を以下に示す。

① 与えられた入力に対する各規則の前件部のグレードを計算する。
② 上記のグレードを基に各規則の推論結果を求める。
③ 各規則の推論結果から最終的な推論結果を求める。

いま，2入力1出力の場合の二つの規則があるとする。

規則1：IF x is A_1 and y is B_1 THEN z is C_1
規則2：IF x is A_2 and y is B_2 THEN z is C_2

ここで，A_1, B_1, A_2, B_2, C_1, C_2 はファジィ集合であり，$A_1, A_2 \subset X$, $B_1, B_2 \subset Y$, $C_1, C_2 \subset Z$ である。

ここで，二つの入力が x_0, y_0 とすると，これらの入力に対する各規則のグレードは，前件部が二つの命題の and で結ばれているので，以下のようになる。

規則1のグレード：$W_1 = \mu_{A_1}(x_0) \wedge \mu_{B_1}(y_0)$
規則2のグレード：$W_2 = \mu_{A_2}(x_0) \wedge \mu_{B_2}(y_0)$

ここで，$\mu_{A_1}(x_0)$, $\mu_{A_2}(x_0)$ はそれぞれ A_1, A_2 の x_0 におけるグレードである。同様に，$\mu_{B_1}(y_0)$, $\mu_{B_2}(y_0)$ はそれぞれ B_1, B_2 の y_0 におけるグレードである。

つぎに，これらのグレードを後件部のファジィ集合に照らし合わせて個々の

規則の推論結果を求める。

規則 1 の推論結果：$\mu'_{C_1}(z) = W_1 \wedge \mu_{C_1}(z) \qquad \forall z \in Z$

規則 2 の推論結果：$\mu'_{C_2}(z) = W_2 \wedge \mu_{C_2}(z) \qquad \forall z \in Z$

個々の規則の推論結果を集めて以下のような最終的な推論結果を得る。

最終的な推論結果：$\mu'_C(z) = \mu'_{C_1}(z) \vee \mu'_{C_2}(z)$

プロセス制御のように，出力として確定値が必要な場合は，求めた最終的な推論結果のファジィ集合 C' の重心やグレードが最大となる z の値を用いることが多い．このようにファジィ集合を確定値に変換する操作を**非ファジィ化**(defuzzification) という．以上の過程を図 8.23 に示す．

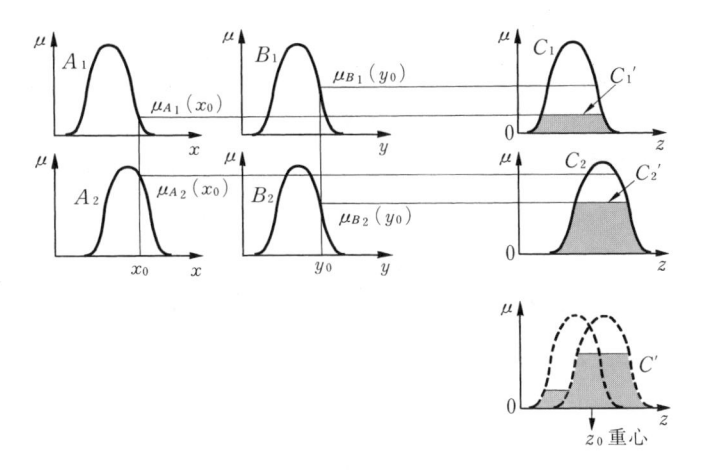

図 8.23　直接法の推論過程

以上は 2 入力 1 出力の場合のファジィ推論の例を示しているが，一般の n 入力の場合に容易に拡張できる．また，ここで説明した直接法のほかに真理値空間を媒介する**間接法**（indirect method）も提案されているが，現在までのところ応用事例が少ないため省略する．

〔2〕　高木・菅野のファジィ推論法

この**高木・菅野のファジィ推論法**は，直接法とほとんど同じであるが，規則の構造に大きな違いがある．すなわち，以下に示すように規則の後件部に線形の入出力関係式を採用している．

規則 l : IF x_1 is A_1^l and $\cdots$ x_n is A_n^l

THEN y^l is $C_0^l + C_1^l x_1 + \cdots + C_n^l x_n$

ここで，A_k^l $(k=1,\cdots,n)$ はファジィ集合，x_k は入力変数，y^l は l 番目の規則からの出力，C_k^l は l 番目の規則の後件部のパラメータである。L 個からなる規則からの出力の推定値は，式 (8.44) の重み付き平均で求められる。

$$y = \sum_{l=1}^{L} W^l y^l / \sum_{l=1}^{L} W^l \quad (8.44)$$

ここで，W^l は l 番目の規則の前件部のグレードであり式 (8.45) で求められる。

$$W^l = \prod_{k=1}^{n} A_k^l(x_k) \quad (8.45)$$

ここで，$A_k^l(x_k)$ はファジィ集合 A_k^l の x_k に対するグレードである。

以上のように高木・菅野のファジィ推論法は，後件部がファジィ集合ではなく線形の入出力関係式で表現されているため，記述能力が高く高次多変数系への適用が容易であるとされている。

8.4 メタヒューリスティックス

本節では，メタヒューリスティック手法の中で特に電力分野で用いられている遺伝的アルゴリズムとタブーサーチについて概説する。

8.4.1 遺伝的アルゴリズム

遺伝的アルゴリズムは，1975 年に J. H. Holland により，生物の進化の過程で発生する現象（自然淘汰や突然変異）に着想を得た探索アルゴリズムである。このアルゴリズムは，1989 年に D. E. Goldberg によって整理された。

最適化問題の決定変数ベクトルを記号 I_i $(i=1,\cdots N)$ の列で表し，これを N 個の**遺伝子座**（locus）からなる**染色体**（chromosome）とみなす。I_i は遺伝子長が N の**遺伝子**（gene）であり，I_i の取り得る値を**対立遺伝子**（allele）と呼ぶ．対立遺伝子としては，ある整数や実数値，あるいは単なる文字列などが考えられるが，最も簡単なのは 0 と 1 の 2 値とする場合である．このように表された染色体 I が，**個体**（individual）の**遺伝子型**（genotype）であり，染色体に対して定まる変数 x の値が，**表現型**（phenotype）である．通常，遺伝子型と表現型は 1 対 1 に対応させるが，問題によっては遺伝子型に冗長性を持たせたほうが取り扱いが容易になる場合もある．また，染色体の長さ N も一定にすることが多いが，問題によっては可変長にするほうが都合の良い場合もある．

図 8.24 に遺伝的アルゴリズムの概要を示す．ここで，N 個の個体からなる**個体集団**（population）を考え，**世代**（generation）t における個体集団 $P(t)$ が，遺伝子の複製と変異を経て，つぎの世代 $(t+1)$ における個体集団 $P(t+1)$ に進化するものとする．このような世代交代が繰り返され，更新のたびごとにより良い個体が選択され，増殖されるようにすれば，やがて（準）最適値 x^* に収束されるであろうというのが，遺伝的アルゴリズムの基本的なアイデアである．この際，最適化問題での目的関数値 z が良い解（表現型）ほど，それに対応する個体（遺伝子型）の**適応度**（fitness）f が高くなるようにしておく．実際の生物では，染色体の変異と選択により種の進化が実現する．これ

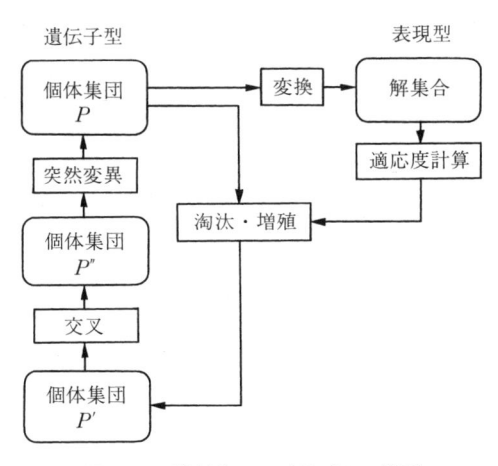

図 8.24 遺伝的アルゴリズムの概要

に対して，遺伝的アルゴリズムでは**生殖**（reproduction），交叉，**突然変異**（mutation）の基本的な**遺伝演算子**（genetic operator）を用いる。

〔1〕 生　　殖

世代 t の個体群の各個体 i について，その適応度 f_i に応じて，**淘汰**（selection）と**増殖**（multiplication）を実行し，次世代に残す**子孫**（offspring）を決定する。**単純遺伝的アルゴリズム**（simple genetic algorithm）では，この淘汰と増殖の処理は生殖と呼ばれ，以下のように単一の処理で実行される。N 個の個体 $I_1 \sim I_N$ から，重複を許して N 個の個体をランダムに選択して，次世代の N 個の個体を決定する。ここで，ある個体 I_i が次世代の個体として選択される確率 $P(I_i)$ を，式 (8.46) によって決定する。

$$P(I_i) = \frac{f(I_i)}{\sum_{i=1}^{N} f(I_i) \Big/ N} \tag{8.46}$$

ここで，右辺の分子は個体 I_i の適応度，分母は現在の世代の個体群の平均適応度である。

すなわち，各個体の次世代における生存の確率は，自分の適応度に比例することになる。このため，適応度が高い個体ほど増殖し，適応度が低い個体ほど淘汰される。このような処理過程は，図 8.25 に示すルーレットに対応して考えると理解しやすい。すなわち，上述の淘汰と増殖の処理は，個体 $I_1 \sim I_N$ に対応する扇形の面積を，各個体の適応度 $f(I_1) \sim f(I_N)$ に比例させて作成しておけば，このルーレットを N 回して矢印の位置にきた個体を次世代の個体とし

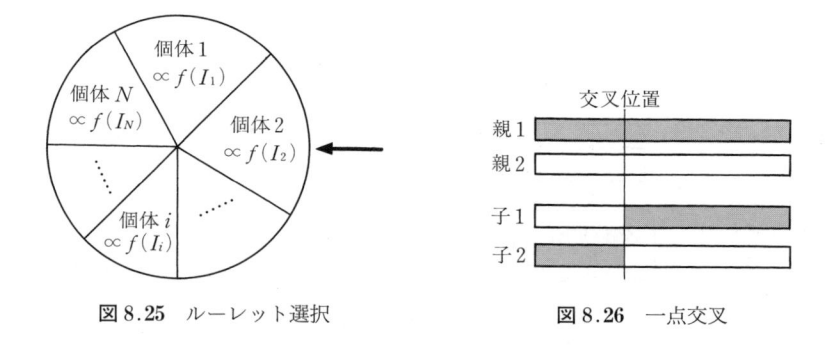

図 8.25　ルーレット選択

図 8.26　一点交叉

て選択することと等価である．したがって，このような選択の方法を**ルーレット選択**（roulette wheel selectim）と呼ぶ．

〔2〕 交　叉

N 個からなる個体群の中のから，2個の個体のペアを M 組だけランダムに選択し，それぞれに対してある確率（**交叉率**，crossover rate）で二つの個体の遺伝子を部分的に交換する．単純GAでは**1点交叉**（one-point crossover）と呼ばれる簡単な交叉が用いられる．図8.26は1点交叉の例である．この交叉によって，親から子へ遺伝子型の形質が継承される．また，個体の遺伝子型のバラエティが増し遺伝子型の進化が生じる．これは，探索空間において，現在の探索点より異なる位置に新しい探索点を生成させることに対応している．

〔3〕 突 然 変 異

各個体について，ある確率（**突然変異率**，mutation rate）で，各遺伝子座の遺伝子を他の対立遺伝子と入れ替える．単純遺伝的アルゴリズムでは，各個体の遺伝子に相当する各ビットを突然変異率の生起確率で，0を1，あるいは1を0に変更する．この突然変異は，交叉だけでは生じない遺伝子型をもつ個体が生成されることになる．探索の観点からみれば，突然変異は，現在の探索点から大きく離れた場所に探索点を移動させることになり，局所的最適解にとらわれそうになったとき，そこから脱出する働きをすると考えられている．単純遺伝的アルゴリズムの手順を以下に示す．

【単純遺伝的アルゴリズムの手続き】

（**step 1**）　初期化　　ランダムに N 個の個体を生成して初期個体集団 $P(0)$ を作成し，世代を $t=0$ とする．また，最大世代交代数を T とする．

（**step 2**）　適応度の計算　　個体集団 $P(t)$ 内の各個体について，その適応度を計算する．

（**step 3**）　淘汰・選択　　個体集団 $P(t)$ に対して，ルーレット選択を用いて新しい個体集団 $P'(t)$ を作成する．

(**step 4**) 交叉　　個体集団 $P'(t)$ に対して，交叉率に基づいた交叉操作を行い，新しい個体集団 $P''(t)$ を作成する。

(**step 5**) 突然変異　　個体集団 $P''(t)$ に対して，突然変異率に基づいた突然変異操作を行い，次世代の個体集団 $P(t+1)$ を作成する。

(**step 6**) 停止判定　　$t \leq T$ ならば，$t = t+1$ として (step 2) へ戻る。そうでなければ，計算を終了し，これまでに得らた最大適応度の個体を解とする。

8.4.2 タブーサーチ

タブーサーチ（tabu search）とは，解空間を探索する過程において，同じ解の探索の繰り返しを避けるために，ある方向への探索を禁忌した局所探索を繰り返しながら最適解を見つけ出す手法である。すなわち，最小化問題の場合，現在解の近傍の解の中で，最も目的関数値を小さくする解へと現在解を移動（move）させることを繰り返して最適解を探索する。タブーサーチでは，局所解から逃れるために，現在の解の近傍に現在解より目的関数値が小さくなる解が存在しなくても，近傍解の中で目的関数値が最小のものへの移動を無条件で許している。そのため，同じ解の探索を繰り返してしまう可能性があるので，これを避けるために探索の禁忌方向を設けている。禁止される探索方向は，**タブーリスト**（tabu list）に一定の探索の期間保管され，探索はタブーリストにある禁忌方向以外の方向に対してなされる。

いま，探索空間中のすべての解 x の集合を X，解 x から移動 S によって到達する新しい解（近傍解）を $S(x)$，解 x の目的関数値を $C(x)$，TL をタブーリストとすると，タブーサーチの基本的なアルゴリズムは以下のようになる。

【タブーサーチの手続き】

(**step 1**) 初期化　　初期解 $x \in X$ を決め，現在の近似最適解を $x^* = x$，繰り返しカウンターを $t = 0$，タブーリスト TL を空とする（$TL = \phi$）。

(**step 2**) 近傍探索　近傍解の中から最適なものを選択する。
$S_t(x) = OPTIMUM(S(x))$　ただし，$S_t = S(x) - TL$
もし，近傍解がすべてタブーならば（step 4）へ行く。

(**step 3**) 解の更新　$x = S(x)$ とする。もし，現在の近似最適解 x^* に対して $C(x) < C(x^*)$ ならば，$x^* = x$ とする。

(**step 4**) 停止判定　全体の繰り返し数，または x^* が最後に修正されてからの繰り返し数があらかじめ決められた値を超えた場合，または $S(x) - TL = \phi$ で（step 2）から直接きた場合には終了する。そうでなければ，タブーリスト TL を更新して，$t = t + 1$ として（step 2）へ戻る。

　上記のアルゴリズムの（step 2）で使用する関数 $OPTIMUM\ (S(x))$ は，最良の移動を見つけ出すための関数であり，一般には，目的関数値 $C(S(x))$ が最小となる $S_k(x)$ が，最良の移動として選択される。また，一般に，タブーリスト TL には，指定された回数の移動が終わるまでの間，移動 S の逆方向が禁忌方向として格納される。移動 S の禁忌方向への移動 S^{-1} は，**タブームーブ**（tabu move）と呼ばれる。探索空間内におけるタブーサーチの基本的な探索過程を**図** 8.27 に示す。図において，破線の丸四角の中心にある点が現在解を表し，その周りの点が近傍解を表している。現在解から破線の矢印で示したように禁忌方向を除いた近傍解が調べられ，最適な解がつぎの探索点として選ばれる。

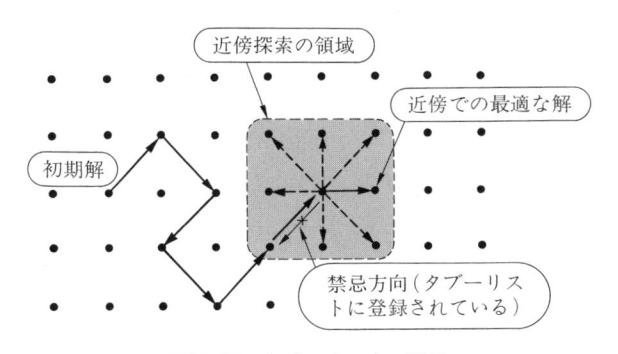

図 8.27　タブーサーチの概要

8.5 インテリジェントシステムの発展とその可能性

　本章の最後として，高度化された知的情報処理自動化システムとしてのインテリジェントシステム（知能システム）の，電力システムにおける今後の発展性とその可能性について述べる。インテリジェントシステムとして成功するためには，人間が担当する部分（人間ワザ）と，機械にまかせる部分（機械ワザ）との切分けが非常に重要であると言われている。しかし，この境界線は電力システムの運転員の当該業務に対する経験の度合いや，時間とともに変化する環境により絶えず変化するために，現在の"堅いシステム"に対する不満が多いことも事実である。

　現在，社会全体として，統制から規制緩和，集中から分散，重厚長大から軽薄短小，画一化から多様化など，大きなパラダイムシフトが起こっている。この10年の間に電力を取り巻く環境も，エネルギー問題，環境問題，規制緩和などに代表されるように劇的に変化しており，電力系統は，ますます複雑化，大規模化，分散化，開放化の様相を呈している。このような状況に対応して，人間と不確定要因をかかえた環境との関係を十分考慮に入れた"柔らかいシステム"の構築に向けた新たな枠組みの研究や試行を行っていく必要がある。

〔1〕 **エネルギー問題での役割**

　資源を海外に依存している日本にとって重要なテーマである。最近ではエネルギーを単に電気エネルギーのみとしてとらえるのではなく，エネルギー資源国からの輸送，貯蔵，発電，送電，消費，さらに最近注目を集めている廃熱を利用した熱エネルギーなどのトータル的なエネルギーフローとして考えるようになっている。そのような状況では，エネルギー資源国や日本の将来的な政治，経済情勢までも視野に入れた不確定要因下における計画が必要とされる。このような状況では，数多くの将来のシナリオとその対応策，およびシミュレーション結果をもとに総合的に検討する必要があると考えられる。したがって，そのような計画策定者の意志決定のアシスタントとしてのインテリジェン

トシステムも開発されてくることが予想される。

〔2〕 環境問題での役割

電力システムと環境問題とのかかわりにはさまざまなものがあるが，ここでは地球温暖化問題に焦点をあてて述べる。1997年12月に日本が議長国を勤めた「第3回地球温暖化防止京都会議（正式名称：気候変動条約の第3回締約国会議（The 3rd Session of the Conference of the Parties to the United Nations Framework Convention on Climate Change, COP3)」により先進国は2010年までのCO_2などの温暖化ガスの削減目標を互いに約束した。日本の国際公約は1990年比6％減である。この目標に向けて産業・民生・運輸の各部門での取り組みが行われているが，発電所は国内全体で年間に出るCO_2の25％を排出する巨大な発生源になっている。したがって，例えば，これまでのような経済性のみを考慮した発電機の運転計画から，環境指標も考慮した発電計画に移行しなければならないと考えられる。その場合には，電力システムに携わるエンジニアは単一目的から**多目的最適化**（multi-objective optimization）へと考え方の変更を強いられることになる。このような，多目的最適化計画を支援するインテリジェントシステムも重要な役割を果たすようになることが予想される。

〔3〕 規制緩和への対応

1995年の電気事業法の改正で電力卸事業の自由化がなされ，**独立系発電会社**（IPP）のような発電事業者が登場した。さらに，電気事業審議会において部分自由化の検討が進められ，2000年には20kV，原則2 000 kW以上の需要家への電力小売りが自由化されることになった。このような規制緩和の動きは，発電，流通，配電の各部門における電力系統の運用・制御に大きな影響を与えつつある。

まず，「発電部門」については，IPPの出現により電力会社間の取り引きを含め，より高度な電力トレーディングが出現する可能性は大きい。これは，視野をより広げた総合的な需給計画立案支援システムが必要になることを意味している。このような電力自由化市場が出現すれば，市場に参加する発電事業者

にとっては，ビジネス戦略として入札価格と量を決定することが必要となる。つぎに，「流通部門」は，電力供給信頼度を維持する上で最も重要な部門であるが，最大の問題は需要予測や潮流状態予測が現状より困難になることである。**託送**や**小売自由化**による送電が増加することは，給電指令所から見れば，負荷需要が想定外に変動することを意味し，さらに関係する事業者の増加により，制約や取り決め事が増え，運用計画・制御が複雑化し，結果として供給信頼度の低下が予想される。また，「配電部門」も太陽光や風力発電などの新型分散電源や自家発電設備を活用した電力小売事業が出現するため，規制緩和の影響を大きく受けることが考えられる。小売事業者と需要家の間の契約にはさまざまな形態が考えられるため，それに応じた最適なエネルギー購入と運用支援機能が必要になろう。

したがって，発電，流通，配電の各部門において，このような複数のプレーヤが参加する複雑な運用・制御の問題をモデル化し解決（あるいは支援する）ための方法として，人工知能の分野で研究が進められている**マルチエージェント**（multi-agent）の協調問題解決能力への期待が高まりつつあり，このような機能を搭載したインテリジェントシステムが比較的早い時期に開発されてくるように思われる。

〔4〕 知識の取り扱い

本質的に知識を内在しているインテリジェントシステムは，システムを取り巻く環境の変化に対応して自らの知識を進化させていくことが望ましい。そのような関連技術として**自己組織化**（self-organization）や**データマイニング**（data mining）が挙げられよう。自己組織化とは，システムが外部からの明示的な命令や力によらずに，秩序ある構造や合目的な機能を自ら獲得あるいは発現する過程として考えることができる。また，データマイニングは大量のデータの中から重要な情報を発掘する技術であり，大量のデータの中に隠れている規則性や因果関係を抽出する手法である。これらの技術は，現状まだ基礎的な研究段階ではあるが，今後の発展が期待される。

〔5〕 21世紀のキーワード

最後に，現時点で21世紀を見通すことは不可能であるが，電力システムを取り巻く環境の変化に対応して，真に電力の運用者に役立つインテリジェントシステムの実現に向けて，着実な基礎研究と試行を加速していく必要があることは間違いないと考えられる。現時点において，将来のインテリジェントシステムに採用される可能性を秘めたキーワードは，表8.1のようなものが考えられる。

表8.1 21世紀のキーワード

自律分散（distributed autonomous）	マルチエージェント（multi-agent）
自己組織化（self-organization）	データマイニング（data mining）
人工生命（artificial life）	カオス（chaos）
複雑系（complex system）	フラクタル（fractal）
マルチメディア（multi-media）	並列処理（parallel processing）
メタヒューリスティックス（meta-heuristics）	

演 習 問 題

8.1 表8.1のキーワードから二つを選びその内容を調べ工学的な応用を考えよ。

8.2 EUや米国をはじめとして，世界各国で電気事業体制の見直しが進みつつある。自由化の本質は公正で有効な競争原理の導入にあるといえる。1990年から実施された英国の電力自由化，そしてこの概念が米国で進化した**独立系統運用者**（independent system operator, ISO）という考え方は，電力体制に対する従来の考え方を一変し，「電力小売分野にも競争原理の導入が可能である」との認識を人々に与えたと言われている。日本の電力市場における規制緩和について調べよ。

付録　電気事業法

1. 電気事業法の概要

　電気事業法の基本法である現行電気事業法は，平成7年（1995年）4月に改正された。その法の目的こそ，平成7年の改正前と同様，『〈1〉電気の使用者の利益保護，〈2〉電気事業の健全な発達，〈3〉公共の安全の確保，〈4〉公害の防止を図る事』にあるとされ，変更が加えられていないが，その規制のあり方（下記4項）について，電気事業法制定後30年を経て初めての抜本的な見直しが行われた。

　この見直しは，わが国経済を取り巻く状況変化に対応して，エネルギー産業全体としてその効率化を推進するため，電気事業等の分野において行われた制度改革の一部として進められたものである。

　平成7年の改正は，つぎの4点に主眼を置いて行われている。

（1）　発電部門（卸供給）への新規参入の拡大
　　　中小企業の電源による発電事業への参入機会を確保するとともに発電分野に競争関係を導入した。

（2）　特定電気事業に係る制度の創設
　　　エネルギー効率の高い中小規模の電源を需要地に近接して有し，特定の供給地点における需要に応じ電力小売販売事業を営む能力を有する事業者の参入の可能性が拡大し，これらの供給事業を実現可能とするために事業の実態，位置づけに応じた新たな制度が創設された。

（3）　料金規制の緩和
　　　ピーク需要の尖鋭化に伴う負荷率の悪化により電気事業者の資本費が上昇傾向にある中，これを抑えるために「負荷平準化」の促進が重要になり，料金の多様化，弾力化を通じて需要家の選択の幅を広げ，需要家による電気の効率的な使用を促す。

（4）　自己責任の明確化による保安規制の合理化
　　　技術進歩による保安実績の向上，自己責任の明確化の要請等を踏まえ，保安規制について国の直接的関与の必要最小限・重点化を図るとともに，電気工作物の設置者自身による「自主保安」を基本とした条文を構成し，設置

者による「自主検査制度」を導入するなどの保安規制の合理化が行われた。

2. 電気事業法改正に伴う関連条文

電気事業法改正に伴う関連条文の概要を以下に示す。ただし，法律の条文そのままの記述ではなく要約してあるので注意すること。

（1）定　義

〈1〉「卸供給」とは，一般電気事業者に対するその一般電気事業の用に供するための電気の供給であって通商産業省令で定めるものをいう。

〈2〉「振替供給」とは，他の者から受電した者が，同時に，その受電した場所以外の場所において，当該他の者に，その受電した電気の量に相当する量の電気を供給することをいう。

（2）発電部門（卸供給）への新規参入の拡大

〈1〉第22条（卸供給の供給条件）

一般電気事業者，卸電気事業者，または卸供給事業者は，通商産業大臣の許可を受けた料金，その他の供給条件によるのでなければ，卸供給を行ってならない。

〈2〉第24条の3（振替供給）

通商産業大臣が指定する電気事業者は，振替供給（一般電気事業又は特定電気事業の用に供するための電気に係るものであって，通商産業省令で定めるものに限る。以下この条において同じ）に係る料金その他の供給条件について振替供給約款を定め，通商産業省令で定めるところにより，通商産業大臣に届け出なければならない。これを変更しようとするときも，同様とする。

（3）特定電気事業に係る制度の創設

〈1〉第5条（許可の基準）

通商産業大臣は，第3条第1項の許可の申請がつぎの各号のいずれにも適合しているときでなければ，同項の許可をしてはならない。

　　一．需要適合性
　　二．経理的基礎及び技術的能力
　　三．計画性
　　四．供給能力
　　五．工作物の非過剰性
　　六．利益性
　　七．その他の公益性

〈2〉 第18条（供給義務等）
　　特定電気事業者は，正当な理由がなければ，その供給地点における需要に応ずる電気の供給を拒んではならない。
〈3〉 第24条（特定電気事業者の供給条件）
　　特定電気事業者は，電気の料金，その他の供給条件を定め，通商産業省令で定めたところにより，通商産業大臣に届出なければならない。これを変更しようとするときも，同様とする。
〈4〉 第24条の2（補完供給契約）
　　一般電気事業者は，その供給区域地点を有する特定電気事業者と補完供給契約を締結使用とするときは，その供給に係る料金その他の供給条件について，通商産業大臣の許可を受けなければならない。これを変更しようとするときも同様である。

(4) 料金規制の緩和
〈1〉 第19条（一般電気事業者の供給約款等）
　　一般電気事業者は，電気の料金，その他の供給条件について供給約款を定め，通商産業大臣の許可を受けなければならない。これを変更しようとするときも，同様である。
〈2〉 第12条（一般電気事業者の兼業）
　　一般電気事業者は，一般電気事業以外の事業を営もうとするときは，通商産業大臣の許可を受けなければならない。ただし，通商産業省令で定める事業については，この限りではない。

(5) 自己責任の明確化による保安規制の合理化
〈1〉 第39条（事業用電気工作物の維持）
　　事業用電気工作物を設置する者は，事業用電気工作物を通商産業省令で定める技術基準に適合するように維持しなければならない。
〈2〉 第47条（工事計画）
　　事業電気工作物の設置または変更の工事であって，通商産業省令で定めるものをしようとする者は，その工事の計画について通商産業大臣の許可を受けなければならない。
〈3〉 第49条（使用前検査）
　　第47条第1項もしくは第2項の許可を受けて設置，もしくは変更の工事をする事業用電気工作物又は第48条第1項の規定による届出をして設置もしくは変更の工事をする事業用電気工作物であって，通商産業省令で定めるところにより通商産業大臣の検査を受け，これを合格した後でなければ，これを

使用してはならない。

〈4〉 第45条（電気主任技術者試験）

通商産業大臣は，その指定する者に，電気主任技術者試験の実施に関する事務を行わせることができる。

引用・参考文献

[1] 深尾，豊田：電力系統へのコンピュータの応用，産業図書（1972）
[2] 関根：電力系統工学，電気書院（1976）
[3] 田村：電力システムの計画と運用，オーム社（1991）
[4] 関根，他：電力システム技術の新しい動向，電学誌，**104**，11（1984）
[5] 関根，他：電力技術の将来展望，電学誌，**108**，6（1988）
[6] 田村，他：電力分野における自動化技術の最近の動向，電学誌，108，9（1988）
[7] 豊田：電力システムはおもしろい，電学誌，**113**，12（1993）
[8] 柴田，他：電力を支える先端技術 上，電学誌，**116**，9（1996）
[9] 武部，他：電力を支える先端技術 下，電学誌，**116**，10（1996）
[10] 新パラダイムを指向した電力技術の将来像，平成8年電力・エネルギー部門大会パネル討論会，電学誌，**117**，2（1997）
[11] 豊田，他：電力システム技術の新潮流，電学誌，**117**，6（1997）
[12] 電気事業連合会ホームページ：http://www.fepc.or.jp/mainmenu.html
[13] 関根，河野，豊田，川瀬，松溝：送配電工学，オーム社（1969）
[14] 大野木，本田，横井，伊坂，小林：電力工学II，朝倉書店（1984）
[15] 武藤，石橋：送配電工学(II)，森北出版（1971）
[16] C. A. Gress: Power System Analysis, John Wiley & Sons (1986)
[17] 関根：電力系統解析理論，電気書院（1970）
[18] 高橋：電力システム工学，コロナ社（1977）
[19] 芦野，Remi Vaillancourt：はやわかりMATLAB，共立出版（1997）
[20] H. Saadat: Power System Analysis, McGraw-Hill (1999)
[21] A. J. Wood & B. F. Wollenberg: Power Generation And Control, John Wiley & Sons (1996)
[22] 大久保：電力システム工学，オーム社（1998）
[23] P. Kundur: Power System Stability and Control, McGraw-Hill (1993)
[24] 電気学会：電力系統へのニューラルネットワーク応用，電学技報，515（1994）
[25] 電気学会：電力系統へのファジィ技術の応用，電学技報，625（1997）
[26] 電気学会：電力系統の知識工学実用化技術，電学技報，756（1999）

演習問題解答

【1章】
略

【2章】

2.1 式（2.27）より

$$Z_{1base} = \frac{Z_{L\ base1}^2}{S_{3\phi\ base1}}$$

であるから

$$Z_{1pu} = \frac{Z}{Z_{1base}} = Z\frac{S_{3\phi\ base1}}{Z_{L\ base1}^2}$$

同様に

$$Z_{2pu} = \frac{Z}{Z_{2base}} = Z\frac{S_{3\phi\ base2}}{Z_{L\ base2}^2}$$

両式より z を消去すれば求められる。

2.2 例題2.4を参考にして求めればよい。

(1) まず，母線2において $S_{base}=100$ 〔MVA〕，$V_{L\ base}=34.5$ 〔kA〕に注意すると**解表2.1**になる。

解表2.1

	母線2，3	母線1	母線4
S_{base}〔MVA〕	33.33	33.33	33.33
V_{base}〔kV〕	19.92	79.68	4.098
I_{base}〔kA〕	1.673	0.418	8.133
Z_{base}〔Ω〕	11.905	190.49	0.504

(2)，(3) **単位法と単相等価回路** 与えられた問題は**解図2.1**のような関係であることに注意して，各要素のデータを単位法に変換する。

・送電線に対して

$$Z = \frac{5.0 + j20.0}{Z_{base}} = \frac{5.0 + j20.0}{11.905} = 0.420\,0 + j1.680\,0\ 〔\text{pu}〕$$

$$\frac{Y}{2} = \frac{j0.1 \times 10^{-3}}{1/Z_{base}} = \frac{j0.1 \times 10^{-3}}{1/11.905} = j0.001\,19\ 〔\text{pu}〕$$

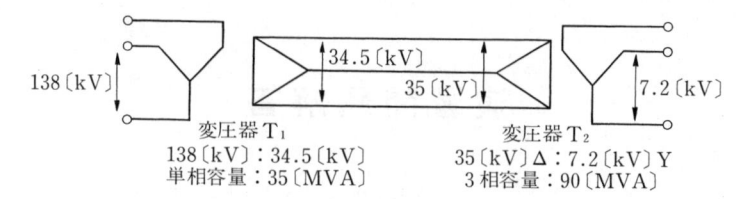

解図 2.1

- 変圧器 T_1 に対して，$Z_{pu} = 0.01 + j0.075$ 〔pu〕（定格において）を基準値に変換する（単相容量が与えられていることに注意）。

  低圧側（母線 2）：
  $$Z_{pu\ new} = (0.01 + j0.075) \times \left(\frac{34.5^2/(3 \times 35)}{11.905}\right) = 0.009\,52 + j0.071\,4\ 〔\text{pu}〕$$

  高圧側（母線 1）：
  $$Z_{pu\ new} = (0.01 + j0.075) \times \left(\frac{138^2/(3 \times 35)}{190.49}\right) = 0.009\,52 + j0.071\,4\ 〔\text{pu}〕$$

- 変圧器 T_2 に対して，$Z_{pu} = 0.01 + j0.07$ 〔pu〕（定格において）を基準値に変換する（3 相容量が与えられていることに注意）。

  高圧側（母線 3）：
  $$Z_{pu\ new} = (0.01 + j0.06) \times \left(\frac{35^2/90}{11.90}\right) = 0.011\,4 + j0.068\,6\ 〔\text{pu}〕$$

  低圧側（母線 4）：
  $$Z_{pu\ new} = (0.01 + j0.06) \times \left(\frac{7.2^2/90}{0.504}\right) = 0.011\,4 + j0.068\,6\ 〔\text{pu}〕$$

以上の結果から，単位法で表した単相等価回路は**解図 2.2** のようになる。

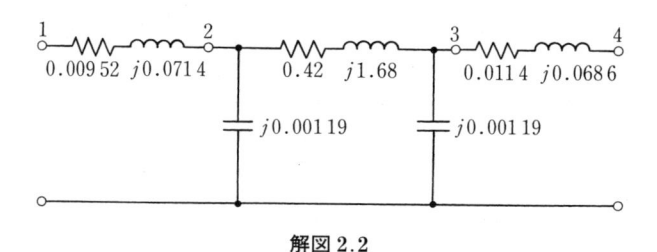

解図 2.2

【3 章】

3.1 Y 行列の対角要素 Y_{kk} は，ノード k に接続されているすべてのブランチのアドミタンスの合計で与えられる。また，Y 行列の非対角要素 Y_{ij} は，ノード i とノード j を接続しているブランチのアドミタンス y_{ij} に負符号をつけたもので与え

演習問題解答　173

$$Y = \begin{bmatrix} 0.9346 - j4.2616 & -0.4808 + j2.4038 & -0.4539 + j1.8911 & 0 \\ -0.4808 + j2.4038 & 1.0690 - j4.7274 & -0.5882 + j2.3529 & 0 \\ -0.4539 + j1.891 & -0.5882 + j2.3529 & 1.0421 - j8.2429 & j3.6667 \\ 0 & 0 & j3.6667 & -j3.3333 \end{bmatrix}$$

3.2 略

【4章】

4.1 例題 4.2 を参考にして求めればよい。$x = 1.40442$

4.2 例題 4.3 を参考にして求めればよい。$x_1 = 3.5000$, $x_2 = 3.3229$

4.3 4.6 節の MATLAB のプログラムを改造して求めればよい。詳細略。

4.4 略

【5章】

5.1 例題 5.2 を参考にして求めればよい。$x = 6$, $y = 8$

5.2 例題 5.2 を参考にして求めればよい。$x = 1.0$, $y = 4.0$

5.3

（1）例題 5.3 を参考にして求めればよい。式 (5.21) の系統増分量 λ を求めると $\lambda = 9.149826$ になる。式 (5.20) の協調方程式より、各発電機の出力は以下のように求められる。

$P_1 = 393.17$ 〔MW〕,　　$P_2 = 334.60$ 〔MW〕,　　$P_3 = 122.23$ 〔MW〕

（2）ラムダ反復法を用いて解く。本問では、式 (5.28) で与えられた送電損失の式は簡単に以下のように表されている。

$$P_L = \sum_{i=1}^{n} B_{ii} P_i^2$$

したがって、式 (5.46) の各発電機の出力は次式のように簡単になる。

$$P_i^{(k)} = \frac{\lambda^{(k)} - \beta_i}{2(\gamma_i + \lambda^{(k)} B_{ii})}$$

また

$$\sum_{i=1}^{n} \left(\frac{dP_i}{d\lambda} \right)^{(k)} = \sum_{i=1}^{n} \frac{\gamma_i + B_{ii} \beta_i}{2(\gamma_i + \gamma^{(k)} B_{ii})}$$

であることに注意して、ラムダ反復法の手続きに基づいて作成した MATLAB プログラムを以下に示す。

```
%---------------------------------------------
%EX5-3(2) : Solved by Lambda-iteration method
%---------------------------------------------
```

```
cost=[561   7.92   0.001562
      310   7.85   0.00194
       78   7.97   0.00482 ];
B = [ 0.00003    0.          0.
      0.         0.00009     0.
      0.         0.          0.00012 ];
ng = length(cost(:,1));
alpha = cost(:,1);  beta = cost(:,2);  gama = cost(:,3);
DeltaP = 10; acur = 0.001; kmax = 10; lambda = max(beta);
PD = 850;     % Demand
k = 0;
while abs(DeltaP) >= acur & k < kmax
    k = k + 1;
    PL = 0.0; TPG = 0.0; Gradsum = 0.0;
    for n = 1 : ng
        P(n) = ( lambda - beta(n) ) / ( 2.0 * ( gama(n) +
        lambda * B(n,n) ) );
        PL = PL + B(n,n) * P(n);
        TPG = TPG + P(n);
        Gradsum = Gradsum + ( gama(n) + B(n,n) * beta(n) )/
                ( 2.0 * ( gama(n) + lambda * B(n,n))^2 );
    end
    DeltaP = PD + PL - TPG;
    fprintf('k=%3d|%9.4f %9.4f %9.4f| %9.4f|%9.4f\n',k,P(1),
    P(2),P(3),PL,lambda );
    Delambda = DeltaP / Gradsum;
    lambda = lambda + Delambda;
end
fprintf(' PD =(%9.4f)   PL =(%9.4f) \n', PD,PL);
%(End of EX5-3b)
```

このプログラムを実行すると，4回の反復で $P_1=427$〔MW〕，$P_2=295$〔MW〕，$P_3=128$〔MW〕が得られる．この結果は，$P_D=850$〔MW〕となり総需要を満足している．

【6章】

6.1

(1)　$V = 1.0 \angle 0°$, $\phi = \pm\cos^{-1}(0.8) = 36.9°$, $I = 1.0\angle(-36.9°)$ より
$E_q = jX_qI + V = 0.7\angle(90° - 36.9°) + 1.0\angle 0° = 1.5264\angle 21.5°$
∴ $\delta = 21.5°$
$|I_d| = |I|\sin(\delta + \phi) = 0.8517$
∴ $|E_f| = |E_q| + (X_d - X_q)|I_d| = 1.5264 + 0.3 \times 0.8517 = 1.7819$

演 習 問 題 解 答   175

（2） 式 (6.39)，(6.40) を用いて以下のようになる。

$$P = S_1\sin\delta + S_2\sin2\delta = 1.7819\sin(21.5°) + 0.2143\sin(43.0°)$$
$$= 0.8000$$
$$Q = S_1\cos\delta + S_2\cos2\delta - Q_0$$
$$= 1.7819\cos(21.5°) + 0.2143\cos(43.0°) - 1.2143 = 0.6000$$

（3） $P_{\max}$ は，$\partial P/\partial\delta = 0$ より求めることができる。

$$\frac{\partial P}{\partial \delta} = S_1\cos\delta + 2S_2\cos2\delta = S_1\cos\delta + 2S_2(2\cos^2\delta - 1) = 0$$

$$\cos^2\delta + \frac{S_1}{4S_2}\cos\delta - \frac{1}{2} = 0$$

$$\therefore \cos\delta = \frac{-S_1 \pm \sqrt{S_1^2 + 32S_2^2}}{8S_2} = 2.2965,\ 0.2117$$

δ は第 1 象現の解であるから，δ と $P_{\max}$ が以下のように求められる。

$$\delta = \cos^{-1}(0.2177) = 77.4°$$
$$P_{\max} = 1.7819\sin(77.4°) + 0.2143\sin(154.8°) = 1.8302$$

6.2 $\psi = \pm\cos^{-1}(0.8) = 36.9°$

$$S = |S|\angle\psi = \frac{P}{\cos\psi}\angle\psi = \frac{0.5}{0.8}\angle 36.9° = 0.625\angle 36.9°$$

$S = V\bar{I}$ より事故前の端子電流は以下のように求められる。

$$I = \frac{\overline{S}}{V} = 0.625\angle(-36.9°)$$

（1） 非突極形同期発電機の場合

$$E_f' = jX_d'I + V = j0.3(0.625\angle(-36.9°)) + 1.0\angle 0° = 1.1226\angle 7.679°$$

$$P = \frac{|V||E_f'|}{X_d'}\sin\delta = \frac{1.0 \times 1.1226}{0.3}\sin\delta = 3.7419\sin\delta$$

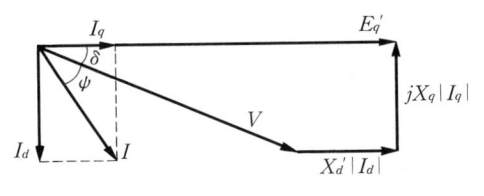

解図 6.1

（2） 過渡時におけるベクトル線図は**解図 6.1** のようになる。

したがって，次式が成立する。

$$|V|\sin\delta = X_q|I_q| = X_q|I|\cos(\delta + \psi) = X_q|I|(\cos\delta\cos\psi - \sin\delta\sin\psi)$$

$$\therefore \delta = \tan^{-1}\frac{X_q|I|\cos\phi}{|V|+X_q|I|\sin\phi} \quad \text{①}$$

$$\delta = \tan^{-1}\frac{0.6 \times 0.625 \times 0.8}{1.0 + 0.6 \times 0.625 \times 0.6} = 13.7608°$$

一方,定常状態では図 6.4 より次式が成立する。

$$|E_f| = |V|\cos\delta + X_d|I|\sin(\delta + \phi) \quad \text{②}$$

$$|E_f| = 1.0 \times \cos(13.7608°) + 1.0 \times 0.625$$
$$\times \sin(13.7608° + 36.87°) = 1.4545$$

また,過渡状態では解図 6.1 より式③が成立する。

$$|E_{q'}| = |V|\cos\delta + X_{d'}|I_d| = |V|\cos\delta + X_{d'}|I|\sin(\delta + \phi) \quad \text{③}$$

式②より

$$|I|\sin(\delta + \phi) = \frac{|E_f| - |V|\cos\delta}{X_d} \quad \text{④}$$

式④を式③に代入して,

$$|E_{q'}| = \frac{X_{d'}|E_f| + (X_d - X_{d'})V\cos\delta}{X_d} \quad \text{⑤}$$

$$|E_{q'}| = \frac{0.3 \times 1.4545 + (1.0 - 0.3) \times 1.0 \times \cos(13.7608°)}{1.0}$$

$$= 1.1162$$

よって,式 (6.56) より

$$P = \frac{|V||E_{q'}|}{X_{d'}}\sin\delta + \frac{|V|^2(X_{d'} - X_q)}{2X_{d'}X_q}\sin2\delta$$

$$= \frac{1.0 \times 1.1162}{0.3}\sin\delta + \frac{1.0 \times (0.3 - 0.6)}{2 \times 0.3 \times 0.6}\sin2\delta$$

$$= 3.7207\sin\delta - 0.8333\sin2\delta$$

6.3 無限大母線に流入する電流は次式となる。

$$I = \frac{\overline{S}}{\overline{V}} = \frac{0.8 - j0.074}{1.0} = 0.8 - j0.074$$

また,合成リアクタンスは次式となる。

$$X = X_{d'} + X_t + X_L/2 = 0.3 + 0.2 + 0.3/2 = 0.65$$

したがって,過渡時の内部誘起電圧は次式となる。

$$E_{f'} = V + jXI = 1.0 + j0.65 \times (0.8 - j0.074) = 1.17\angle 26.388°$$

(1) 同期発電機の有効出力は

$$P = P_{\max}\sin\delta = \frac{|E_{f'}||V|}{X}\sin\delta = \frac{1.17 \times 1.0}{0.65}\sin\delta = 1.8\sin\delta$$

初期運転点において,$1.8\sin\delta_0 = 0.8$ であるから

$$\delta_0 = \sin^{-1}\frac{0.8}{1.8} = 26.388° = 0.46055 \text{ [rad]}$$

解図 6.2

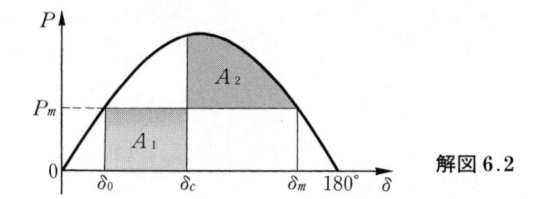

事故中では $P_e = 0$ であるから，電力相差角曲線は**解図 6.2** のようになる。

ここで，δ_m は以下のように求められる。
$$\delta_m = 180° - \delta_0 = 153.612° = 2.681 \text{ 〔rad〕}$$

したがって，等面積法を用いて臨界故障除去相差角が求められる。
$$\int_{\delta_0}^{\delta_c} P_m \cdot d\delta = \int_{\delta_c}^{\delta_m} (P_{\max}\sin\delta - P_m) \cdot d\delta$$
$$P_m(\delta_c - \delta_0) = P_{\max}(\cos\delta_c - \cos\delta_m) - P_m(\delta_m - \delta_c)$$
$$\therefore \delta_c = \cos^{-1}\!\left(\frac{P_m}{P_{\max}}(\delta_m - \delta_0) + \cos\delta_m\right)$$
$$= \cos^{-1}\!\left(\frac{0.8}{1.8}(2.681 - 0.460\,55) + \cos 153.61°\right)$$
$$= \cos^{-1}(0.091\,08) = 84.774° = 1.48 \text{ 〔rad〕}$$

（2）式（6.20）の動揺方程式より，$P_e = 0$ に注意して，以下の式が成立する。
$$\frac{d^2\delta}{dt^2} = \frac{\pi f_0}{H} P_m$$
$$\frac{d\delta}{dt} = \frac{\pi f_0}{H} P_m \int_0^t dt = \frac{\pi f_0}{H} P_m t$$
$$\therefore \delta = \frac{\pi f_0}{2H} P_m t^2 + \delta_0$$

したがって，δ_c を臨界故障除去相差角とすると，臨界故障除去時間 t_c は次式で与えられる。
$$\delta = \frac{\pi f_0}{2H} P_m t^2 + \delta_0$$
$$t_c = \sqrt{\frac{2H(\delta_c - \delta_0)}{\pi f_0 P_m}} = \sqrt{\frac{2 \times 5.0 \times (1.48 - 0.460\,55)}{\pi \times 60 \times 0.8}} = 0.26 \text{ 〔sec〕}$$

6.4 電力方程式は次式で与えられる。
$$P + jQ = V_R \cdot \bar{I} = V_R \frac{\overline{V_S} - \overline{V_R}}{-jx} = \frac{|V_S||V_R|\angle(-\delta) - |V_R|^2}{-jx}$$
$$= j\frac{1}{x}\{|V_S||V_R|\cos\delta - j|V_S||V_R|\sin\delta - |V_R|^2\}$$
$$= \frac{|V_S||V_R|}{x}\sin\delta + j\frac{|V_S||V_R|\cos\delta - |V_R|^2}{x}$$

$$\therefore \begin{cases} P = \dfrac{|V_S||V_R|}{x}\sin\delta \\ Q = \dfrac{|V_S||V_R|\cos\delta - |V_R|^2}{x} \end{cases}$$

上式より $\sin^2\delta + \cos^2\delta = 1$ の関係を用いて，$\sin\delta$ と $\cos\delta$ を消去すると式 (6.70) の関係が求められる。

【7章】

7.1 A系統とB系統の系統容量をそれぞれ P_A，P_B とすると，**解図7.1**を参照して以下の式が成立する。

$$\Delta P_A = -\Delta P_T = P_A K_A \Delta F \qquad ⑥$$
$$\Delta P_B = \Delta P_T - \Delta P = P_B K_B \Delta F \qquad ⑦$$

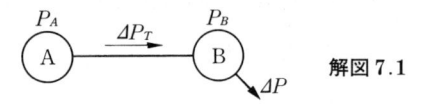

解図 7.1

(1) 式⑥＋式⑦より

$$-\Delta P = (P_A K_A + P_B K_B)\Delta F$$
$$\therefore \Delta F = \frac{-\Delta P}{P_A K_A + P_B K_B} = \frac{-500}{5\,000 \times 0.03 \times 10 + 3\,000 \times 0.025 \times 10}$$
$$= -0.22 \ [\text{Hz}]$$

(2) 式⑥より

$$\Delta P_T = -P_A K_A \Delta F = -5\,000 \times 0.03 \times 10 \times (-0.22)$$
$$= 330 \ [\text{MW}] \qquad (\text{A} \to \text{B})$$

7.2 式 (7.20) に AVR の閉ループ伝達関数が与えられている。

(1) 閉ループ伝達関数の分母を零とおいたものが特性方程式で，システムの安定性を評価する基本となる方程式である。

$$(1+\tau_A s)(1+\tau_E s)(1+\tau_G s)(1+\tau_R s) + K_A K_E K_G K_R = 0$$
$$(1+0.1s)(1+0.4s)(1+1.0s)(1+0.05s) + K_A$$
$$= 0.002s^4 + 0.067s^3 + 0.615s^2 + 1.55s + (1+K_A) = 0$$

したがって，特性方程式は次式となる。

$$s^4 + 33.5s^3 + 307.5s^2 + 775s + 500(1+K_A) = 0$$

システムが漸近安定か否かは固有値を調べることにより判定されるが（すべての固有値の実部が負であれば安定），固有値を直接求めることなく，特性方程式の係数からシステムの安定性を調べることができる。ここでは，ラウ

ス–フルビッツの安定判別法を用いる。

【ラウス–フルビッツの安定判別法】
特性方程式が次式で表されるとする。
$$a_n s^n + a_{n-1} s^{n-1} + a_{n-2} s^{n-2} + \cdots + a_1 s + a_0 = 0 \quad (ただし,\ a_n > 0)$$
特性方程式の根,すなわち固有値の実数部が負の値を有し,システムが漸近安定であるためには,以下の二つの条件を満足すればよい。

(i) すべての $a_i > 0\ (i = 1, 2, \cdots, n)$ が存在し,かつ正の値である。

(ii) 係数 a_i からつぎの値を順次計算の後,以下のラウス表を作成し,第1列がすべて正の値を有する。

s^n	a_n	a_{n-2}	a_{n-4}	$\cdots$
s^{n-1}	a_{n-1}	a_{n-3}	a_{n-5}	$\cdots$
s^{n-2}	b_1	b_2	b_3	$\cdots$
s^{n-3}	c_1	c_2	c_3	$\cdots$
$\cdots$	$\cdots$	$\cdots$	$\cdots$	$\cdots$

ただし
$$b_{n-1} = \frac{a_{n-1} \cdot a_{n-i} - a_n \cdot a_{n-i-1}}{a_{n-1}} \quad (i = 2, 4, 6, \cdots)$$
$$c_{n-1} = \frac{b_{n-1} \cdot a_{n-i} - a_{n-1} \cdot b_{n-i-1}}{b_{n-2}} \quad (i = 3, 5, 7, \cdots)$$

したがって,本問に対しては,(i)は満足しているので,(ii)のラウス表を作成し,第1列がすべて正の値となるように K_A の値を決定する。

s^4	1	307.5	$500(1+K_A)$
s^3	33.5	775	0
s^2	284.365	$500(1+K_A)$	0
s^1	$58.9K_A - 716.1$	0	0
s^0	$500(1+K_A)$		

s^1 の第1列から,$58.9K_A - 716.1 > 0 \quad \therefore K_A > 12.16$

s^0 の第1列から,$500(1+K_A) > 0 \quad \therefore K_A > -1$

したがって,増幅器のゲイン K_A は正の値であるので $K_A < 12.16$ であれば漸近安定となる。

(2) 例題7.1を参考にして求めればよい。詳細省略。

【8章】

略

索　　　引

あ
浅い推論　　　　　　　　133

い
位相角安定度　　　　　　85
一機無限大母線系統　　　88
1点交叉　　　　　　　　159
一般化デルタルール　　　140
遺伝演算子　　　　　　　158
遺伝子　　　　　　　　　156
遺伝子型　　　　　　　　157
遺伝子座　　　　　　　　156
遺伝的アルゴリズム
　　　　　　　　　127,156
遺伝的プログラミング　　127
インスタンス　　　　　　130
インテリジェントシステム
　　　　　　　　　　　　124

え
エキスパートシステム　　124
エージェント　　　　　　130
エージェント指向　　　　130
円筒形同期発電機　　　　89

お
オイラー法　　　　　　　102
オブジェクト指向　　　　129
オフセット　　　　　　　115

か
外　乱　　　　　　　　　85
ガウスの消去法　　　　　57
カオス　　　　　　　　　165
拡張原理　　　　　　　　151
拡張コスト関数　　　　　73
仮説推論　　　　　　　　133
過渡安定度　　　　　　　85
過渡安定度解析　　　　　98
カプセル化　　　　　　　130
火力発電機　　　　　　　74
慣性定数　　　　　　　　86
慣性能率　　　　　　　　86
間接法　　　　　　　　　155
簡略計算　　　　　　　　42

き
基準外巻線比変圧器　　　28
基準ノード　　　　　　　44
規　則　　　　　　　　　154
帰属度　　　　　　　　　146
逆伝搬則　　　　　　127,140
キューン-タッカーの必要条
　件　　　　　　　　　　73
強化学習　　　　　　　　144
競合学習　　　　　　　　144
教師あり学習　　　　　　140
教師なし学習　　　　　　144
協調方程式　　　　　　　77
共通集合　　　　　　　　149
極座標表示　　　　　　　44
局所最小値　　　　　　　71
局所的　　　　　　　　　3
許容領域　　　　　　　　72

く
駆動点アドミタンス　　30,34
クラス　　　　　　　　　130
クリスプ集合論　　　　　146
グレード　　　　　　　　146

け
経済負荷配分問題　　　　70
継　承　　　　　　　　　130
系統安定化制御　　　　　108
系統増分費　　　　　　　77
系統特性定数　　　　　　112
厳密潮流計算　　　　　　42

こ
交　叉　　　　　　　127,158
交叉率　　　　　　　　　159
高次推論　　　　　　　　131
合　成　　　　　　　　　153
勾配ベクトル　　　　　　71
小売自由化　　　　　　　164
個　体　　　　　　　　　157
個体集団　　　　　　　　157
コホーネン学習則　　　　144
固有値　　　　　　　　　71
固有値法　　　　　　　　96

さ
最急降下法　　　　　　　141
最終値の定理　　　　　　122
最小2乗誤差　　　　　　140
サブクラス　　　　　　　130
三角化分解　　　　　　　57

し
磁気抵抗項　　　　　　　94
シグモイド関数　　　　　137
資源配分問題　　　　　　70
自己組織化　　　　　164,165
時制推論　　　　　　　　135
子　孫　　　　　　　　　158

実行可能領域	72	**そ**		知識ベース	128	
自動電圧調整器	110			知能システム	124	
自動発電機制御	115	相差角	85	中性線	15	
自動力率調整器	121	増　殖	158	調速機	111	
自発性	130	送電系統	1	直　軸	91	
社会性	130	送電線	1	直軸過渡リアクタンス	98	
修正オイラー法	103	送電線潮流	64	直軸リアクタンス	91	
修正方程式	51	送電損失	79	直説法	154	
周波数偏倚連係線電力制御方式	114	増分送電損失	81	直角座標表示	44	
縮退 V-Q ヤコビ行列	108	増分燃料費	75	**て**		
縮退ヤコビ行列	108	増分燃料費曲線	75			
自律性	130	速度調定率	111	定周波数制御方式	114	
自律分散	165	ソフトコンピューティング		定態安定極限電力	88,90	
事例ベース推論	131		136	定態安定度	85,88	
進化プログラミング	127	損失係数	79	テイラー級数展開	48	
人工生命	127,165	**た**		定連係線電力制御方式	114	
人工知能	125			適応度	157	
す		大域的	3	適合度	146	
		大域的最小値	71	データマイニング	164,165	
水火力系計画問題	70	台集合	146	手続き型の知識	129	
推論機構	128	対称座標法	13	電圧安定度	85	
数値積分	98	対立遺伝子	156	電圧崩壊	85	
数値積分法	102	高木・菅野のファジィ推論法		電圧・無効電力制御システム		
スーパークラス	130		155		121	
スラック母線	44	高め解	105	電源のベストミックス	5	
せ		託　送	164	伝達アドミタンス	30,36	
		タブーサーチ	127,160	電力系統安定化装置	108	
静止形無効電力補償装置		タブームーブ	161	電力相差角曲線	90	
	108	タブーリスト	127,160	電力損失	64	
生　殖	158	多目的最適化	163	電力潮流計算	42	
正相回路	13	単位慣性能率定数	87	電力方程式	42	
正定行列	71	単位法	12,15	電力用並列コンデンサ	32	
制約条件	70	単純遺伝的アルゴリズム		**と**		
制約付き最適化問題	70		158			
積分器	115	単線結線図	12	等式制約	73	
世　代	157	単相等価回路	12	等増分燃料費則	77	
節点解析法	27	**ち**		淘　汰	158	
宣言型の知識	129			等面積法	99	
染色体	156	知識工学	126	動揺方程式	85	
全体集合	146	知識発見とデータマイニング		等 λ 則	77	
			128	特性関数	146	

索引

と
独立系統運用者　165
独立系発電会社　163
突極形同期発電機　91
突然変異　158
突然変異率　159

に
ニュートン・ラフソン法　47, 52
ニューラルネットワーク　124, 136
ニューロン　137

ね
燃料消費率曲線　74
燃料費曲線　74

の
ノード　27
ノードアドミタンス行列　34

は
配電系統　1
配電線　1
バックプロパゲーション　140
発電機起動停止問題　70
発電機の速度垂下特性　111
発電機母線　43
発電所　1
反応性　130

ひ
ピークカット　10
ピークシフト　10
低め解　105
非線形最適化問題　70
非突極形同期発電機　89
非ファジィ化　155
非有効　73
表現型　157

ふ
ファジィ　126
ファジィ関係　152
ファジィ行列　152
ファジィ集合論　146
ファジィ推論　131, 154
ファジィ数　151
ファジィネス　146
ファジィ理論　124, 146
ファースト・デカップル法　60
深い推論　133
負荷時タップ切換変圧器　121
負荷周波数制御　110
負荷の自己制御性　111
負荷母線　43
負荷率　10
負荷率改善　10
複雑系　165
複素電力　16, 42
不等式制約　73
フラクタル　165
フラットスタート　55
ブランチ　27
フレーム表現　125
フレームモデル　128
プロダクションルール　128
プロパティ　130
分解原理　150
分散人工知能　127
分路リアクトル　32

へ
並列処理　165
閉路解析法　27
べき乗法　97
ベクトル電力　42
ヘシアン行列　71
ペナルティ係数　81

ほ
変電所　1
補集合　149
ホップフィールド型ニューラルネットワーク　127, 139
ボトムアップ　10

ま
マックスミニ合成　153
マムダニの方法　154
マルチエージェント　164
マルチエージェントシステム　127
マルチメディア　165

み
ミスマッチ　52

む
無効電力　42
無制約最適化問題　70

め
メソッド　130
メタヒューリスティックス　124, 136
メンバーシップ関数　146

も
目的関数　70
モダンヒューリスティックス　136
モデルベース推論　132

や
ヤコビ行列　50

ゆ
有効　73
有効電力　42

よ

横軸	91
横軸リアクタンス	91

ら

ラウス-フルビッツの安定判別法	179
ラグランジュ関数	73
ラグランジュ乗数法	70, 72
ラムダ反復法	82

り

リカレントネットワーク	139
リセット動作	115
理想変圧器	15
リアプノフの安定理論	98
臨界故障除去時間	102
臨界故障除去相差角	102
臨界相差角	91

る

ルーレット選択	159
ルンゲクッタ法	102

わ

和集合	149

A

AGC	115
APFR	121
ATMS	134
AVR	110, 121

B

B 係数	79

D

DENDRAL	125
DSM	10

E

EMYCIN	126

F

FFC 方式	114
FTC 方式	114

I

ISO	165

L

LFC	110
LISP	125
LRT	121

M

MYCIN	125

O

OPS	126

P

P-Q ノード	43
Prolog 言語	125
P-V 曲線	105
P-V ノード	43

Q

Q学習	145

S

SVC	108, 121
S 法	97

T

TBC 方式	114
TMS	134

V

VQC	121, 123
V-Q 感度	108
V-Q 感度解析	106

Y

Y 行列	34

α

α-カット	150

ρ

ρ 法	96

―― 著者略歴 ――

1978 年　宮崎大学工学部電気工学科卒業
1980 年　広島大学大学院博士課程前期修了（回路システム工学専攻）
1980 年
〜89 年　株式会社 東芝勤務
1989 年　松江工業高等専門学校講師
1991 年　同助教授
1995 年　博士（工学）（広島大学）
1997 年　広島工業大学助教授
2001 年　広島工業大学教授
　　　　現在に至る

電力システム工学の基礎
An Introduction to Power System Engineering　　© Takeshi Nagata 2000

2000 年 8 月 28 日　初版第 1 刷発行
2012 年 8 月 25 日　初版第 2 刷発行

検印省略	著　者	永　田　　　武
	発行者	株式会社　コロナ社
		代表者　牛来真也
	印刷所	壮光舎印刷株式会社

112-0011　東京都文京区千石 4-46-10
発行所　株式会社　コロナ社
CORONA PUBLISHING CO., LTD.
Tokyo　Japan
振替 00140-8-14844・電話(03)3941-3131(代)
ホームページ http://www.coronasha.co.jp

ISBN 978-4-339-00724-4　　（横尾）　　（製本：グリーン）
Printed in Japan

本書のコピー，スキャン，デジタル化等の無断複製・転載は著作権法上での例外を除き禁じられております。購入者以外の第三者による本書の電子データ化及び電子書籍化は，いかなる場合も認めておりません。

落丁・乱丁本はお取替えいたします